新兴产业和高新技术现状与前景研究丛书

总主编　金　碚　李京文

新能源技术现状与应用前景

莫松平　陈　颖　编著

XINNENGYUAN JISHU XIANZHUANG YU YINGYONG QIANJING

SPM
南方出版传媒
广东经济出版社
·广州·

图书在版编目（CIP）数据

新能源技术现状与应用前景／莫松平，陈颖编著．—广州：广东经济出版社，2015.5
（新兴产业和高新技术现状与前景研究丛书）
ISBN 978－7－5454－3596－2

Ⅰ．①新…　Ⅱ．①莫…　②陈…　Ⅲ．①新能源－技术　Ⅳ．①TK01

中国版本图书馆 CIP 数据核字（2014）第 223889 号

出版发行	广东经济出版社（广州市环市东路水荫路 11 号 11～12 楼）
经销	全国新华书店
印刷	中山市国彩印刷有限公司（中山市坦洲镇彩虹路 3 号第一层）
开本	730 毫米×1020 毫米　1/16
印张	10.5
字数	181 000 字
版次	2015 年 5 月第 1 版
印次	2015 年 5 月第 1 次
书号	ISBN 978－7－5454－3596－2
定价	26.00 元

如发现印装质量问题，影响阅读，请与承印厂联系调换。
发行部地址：广州市环市东路水荫路 11 号 11 楼
电话：（020）38306055　37601950　邮政编码：510075
邮购地址：广州市环市东路水荫路 11 号 11 楼
电话：（020）37601980　邮政编码：510075
营销网址：http：//www·gebook．com
广东经济出版社常年法律顾问：何剑桥律师

“新兴产业和高新技术现状与前景研究”丛书编委会

原　磊　中国社会科学院工业经济研究所工业运行研究室主任、副研究员

陈　志　中国科学技术发展战略研究院副研究员

史岸冰　华中科技大学基础医学院教授

吴伟萍　广东省社会科学院产业经济研究所副所长、研究员

燕雨林　广东省社会科学院产业经济研究所研究员

张栓虎　广东省社会科学院产业经济研究所副研究员

邓江年　广东省社会科学院产业经济研究所副研究员

杨　娟　广东省社会科学院产业经济研究所副研究员

柴国荣　兰州大学管理学院教授

梅　霆　西北工业大学理学院教授

刘贵杰　中国海洋大学工程学院机电工程系主任、教授

杨　光　北京航空航天大学机械工程及自动化学院工业设计系副教授

迟远英　北京工业大学经济与管理学院教授

王　江　北京工业大学经济与管理学院副教授

张大坤　天津工业大学计算机科学系教授

朱郑州　北京大学软件与微电子学院副教授

杨　军　西北民族大学现代教育技术学院副教授

赵肃清　广东工业大学轻工化工学院教授

袁清珂　广东工业大学机电工程学院副院长、教授

黄　金　广东工业大学材料与能源学院副院长、教授

莫松平　广东工业大学材料与能源学院副教授

王长宏　广东工业大学材料与能源学院副教授

总 序

人类数百万年的进化过程，主要依赖于自然条件和自然物质，直到五六千年之前，由人类所创造的物质产品和物质财富都非常有限。即使进入近数千年的“文明史”阶段，由于除了采掘和狩猎之外人类尚缺少创造物质产品和物质财富的手段，后来即使产生了以种植和驯养为主要方式的农业生产活动，但由于缺乏有效的技术手段，人类基本上没有将“无用”物质转变为“有用”物质的能力，而只能向自然界获取天然的对人类“有用”之物来维持低水平的生存。而在缺乏科学技术的条件下，自然界中对于人类“有用”的物质是非常稀少的。因此，据史学家们估算，直到人类进入工业化时代之前，几千年来全球年人均经济增长率最多只有0.05%。只有到了18世纪从英国开始发生的工业革命，人类发展才如同插上了翅膀。此后，全球的人均产出（收入）增长率比工业化之前高10多倍，其中进入工业化进程的国家和地区，经济增长和人均收入增长速度数十倍于工业化之前的数千年。人类今天所拥有的除自然物质之外的物质财富几乎都是在这200多年的时期中创造的。这一时期的最大特点就是：以持续不断的技术创新和技术革命，尤其是数十年至近百年发生一次的“产业革命”的方式推动经济社会的发展。① 新产业和新技术层出不穷，人类发展获得了强大的创造能力。

① 产业革命也称工业革命，一般认为18世纪中叶（70年代）在英国产生了第一次工业革命，逐步扩散到西欧其他国家，其技术代表是蒸汽机的运用。此后对世界所发生的工业革命的分期有多种观点。一般认为，19世纪中叶在欧美等国发生第二次工业革命，其技术代表是内燃机和电力的广泛运用。第二次世界大战结束后的20世纪50年代，发生了第三次工业革命，其技术代表是核技术、计算机、电子信息技术的广泛运用。21世纪以来，世界正在发生又一次新工业革命（也有人称之为“第三次工业革命”，而将上述第二、第三次工业革命归之为第二次工业革命），其技术代表是新能源和互联网的广泛运用。也有人提出，世界正在发生的新工业革命将以制造业的智能化尤其是机器人和生命科学为代表。

当前，世界又一次处于新兴产业崛起和新技术将发生突破性变革的历史时期，国外称之为“新工业革命”或“第三次工业革命”“第四次工业革命”，而中国称之为“新型工业化”“产业转型升级”或者“发展方式转变”。其基本含义都是：在新的科学发现和技术发明的基础上，一批新兴产业的出现和新技术的广泛运用，根本性地改变着整个社会的面貌，改变着人类的生活方式。正如美国作者彼得·戴曼迪斯和史蒂芬·科特勒所说：“人类正在进入一个急剧的转折期，从现在开始，科学技术将会极大地提高生活在这个星球上的每个男人、女人与儿童的基本生活水平。在一代人的时间里，我们将有能力为普通民众提供各种各样的商品和服务，在过去只能提供给极少数富人享用的那些商品和服务，任何一个需要得到它们、渴望得到它们的人，都将能够享用它们。让每个人都生活在富足当中，这个目标实际上几乎已经触手可及了。”“划时代的技术进步，如计算机系统、网络与传感器、人工智能、机器人技术、生物技术、生物信息学、3D 打印技术、纳米技术、人机对接技术、生物医学工程，使生活于今天的绝大多数人能够体验和享受过去只有富人才有机会拥有的生活。”①

在世界新产业革命的大背景下，中国也正处于产业发展演化过程中的转折和突变时期。反过来说，必须进行产业转型或“新产业革命”才能适应新的形势和环境，实现绿色化、精致化、高端化、信息化和服务化的产业转型升级任务。这不仅需要大力培育和发展新兴产业，更要实现高新技术在包括传统产业在内的各类产业中的普遍运用。

我们也要清醒地认识到，20 世纪 80 年代以来，中国经济取得了令世界震惊的巨大成就，但是并没有改变仍然属于发展中国家的现实。发展新兴产业和实现产业技术的更大提升并非轻而易举的事情，不可能一蹴而就，而必须拥有长期艰苦努力的决心和意志。中国社会科学院工业经济研究所的一项研究表明：中国工业的主体部分仍处于国际竞争力较弱的水平。这项研究把中国工业制成品按技术含量低、中、高的次序排列，发现国际竞争力大致呈 U 形分布，即两头相对较高，而在统计上分类为“中技术”的行业，例如化工、材料、机械、电子、精密仪器、交通设备等，国际竞争力显著较低，而这类产业恰恰是工业的主体和决定工业技术整体素质的关键基础部门。如果这类产业竞争力不

① 【美】彼得·戴曼迪斯，史蒂芬·科特勒. 富足：改变人类未来的 4 大力量. 杭州：浙江大学出版社，2014.

强，技术水平较低，那么“低技术”和“高技术”产业就缺乏坚实的基础。即使从发达国家引入高技术产业的某些环节，也是浅层性和“漂浮性”的，难以长久扎根，而且会在技术上长期受制于人。

中国社会科学院工业经济研究所专家的另一项研究还表明：中国工业的大多数行业均没有站上世界产业技术制高点。而且，要达到这样的制高点，中国工业还有很长的路要走。即使是一些国际竞争力较强、性价比较高、市场占有率很大的中国产品，其核心元器件、控制技术、关键材料等均须依赖国外。从总体上看，中国工业品的精致化、尖端化、可靠性、稳定性等技术性能同国际先进水平仍有较大差距。有些工业品在发达国家已属“传统产业”，而对于中国来说还是需要大力发展的“新兴产业”，许多重要产品同先进工业国家还有几十年的技术差距，例如数控机床、高端设备、化工材料、飞机制造、造船等，中国尽管已形成相当大的生产规模，而且时有重大技术进步，但是，离世界的产业技术制高点还有非常大的距离。

产业技术进步不仅仅是科技能力和投入资源的问题，攀登产业技术制高点需要专注、耐心、执着、踏实的工业精神，这样的工业精神不是一朝一夕可以形成的。目前，中国企业普遍缺乏攀登产业技术制高点的耐心和意志，往往是急于“做大”和追求短期利益。许多制造业企业过早走向投资化方向，稍有成就的企业家都转而成为赚快钱的“投资家”，大多进入地产业或将“圈地”作为经营策略，一些企业股票上市后企业家急于兑现股份，无意在实业上长期坚持做到极致。在这样的心态下，中国产业综合素质的提高和形成自主技术创新的能力必然面临很大的障碍。这也正是中国产业综合素质不高的突出表现之一。我们不得不承认，中国大多数地区都还没有形成深厚的现代工业文明的社会文化基础，产业技术的进步缺乏持续的支撑力量和社会环境，中国离发达工业国的标准还有相当大的差距。因此，培育新兴产业、发展先进技术是摆在中国产业界以至整个国家面前的艰巨任务，可以说这是一个世纪性的挑战。如果不能真正夯实实体经济的坚实基础，不能实现新技术的产业化和产业的高技术化，不能让追求技术制高点的实业精神融入产业文化和企业愿景，中国就难以成为真正强大的国家。

实体产业是科技进步的物质实现形式，产业技术和产业组织形态随着科技进步而不断演化。从手工生产，到机械化、自动化，现在正向信息化和智能化方向发展。产业组织形态则在从集中控制、科层分权，向分布式、网络化和去中心化方向发展。产业发展的历史体现为以蒸汽机为标志的第一次工业革命、以电力和自动化为标志的第二次工业革命，到以计算机和互联网为标志的第三次工业革命，再到以人工智能和生命科学为标志的新工业革命（也有人称之为“第四次工业革命”）的不断演进。产业发展是人类知识进步并成功运用于生产性创造的过程。因此，新兴产业的发展实质上是新的科学发现和技术发明以及新科技知识的学习、传播和广泛普及的过程。了解和学习新兴产业和高新技术的知识，不仅是产业界的事情，而且是整个国家全体人民的事情，因为，新产业和新技术正在并将进一步深刻地影响每个人的工作、生活和社会交往。因此，编写和出版一套关于新兴产业和新产业技术的知识性丛书是一件非常有意义的工作。正因为这样，我们的这套丛书被列入了2014年的国家出版工程。

我们希望，这套丛书能够有助于读者了解和关注新兴产业发展和高新产业技术进步的现状和前景。当然，新兴产业是正在成长中的产业，其未来发展的技术路线具有很大的不确定性，关于新兴产业的新技术知识也必然具有不完备性，所以，本套丛书所提供的不可能是成熟的知识体系，而只能是形成中的知识体系，更确切地说是有待进一步检验的知识体系，反映了在新产业和新技术的探索上现阶段所能达到的认识水平。特别是，丛书的作者大多数不是技术专家，而是产业经济的观察者和研究者，他们对于专业技术知识的把握和表述未必严谨和准确。我们希望给读者以一定的启发和激励，无论是“砖”还是“玉”，都可以裨益于广大读者。如果我们所编写的这套丛书能够引起更多年轻人对发展新兴产业和新技术的兴趣，进而立志投身于中国的实业发展和推动产业革命，那更是超出我们期望的幸事了！

金　碚
2014 年 10 月 1 日

目　录

第一章　综　述

一、认识新能源

（一）能源简介

1. 什么是能源

能源，顾名思义，能量的来源，能源的定义要从能量说起。

能量和物质是构成客观世界的基础。科学史观认为，世界是由物质构成的；运动是物质存在的方式，能量则是物质运动的度量。目前，人类所认识的六种能量形式包括：机械能、热能、电能、辐射能、化学能、核能。

能量，也就是“产生某种效果（变化）的能力”。所谓“产生某种效果（变化）”在现代社会中随处可见。高炉融化铁矿石，平炉把生铁炼成钢，这利用了巨大的热能；汽车在公路上奔驰，轮船在海上航行，火车在铁道上行驶，飞机在蓝天上翱翔，这些都需要充足的机械能；电子计算机工作，电冰箱制冷，洗衣机运转，电视机显像，也需要连续不断的电能。

能源是指能提供能量的自然资源，它能够直接或经转换而提供人们所需要的电能、热能、机械能等。能源资源是指已探明或估计的自然赋存的富集能源。已探明或估计可经济开采的能源资源称为能源储量。各种可利用的能源资源包括煤炭、石油、天然气、水能、风能、核能、太阳能、地热能、海洋能、生物质能等。

2. 能源的分类

能源有多种分类方法，能源分类见表1－1。

按获得的方法，能源可分为一次能源和二次能源。一次能源，是指可供直接利用的能源，如煤、石油、天然气、风能、水能等；二次能源，是由一次能源直接或间接转换而来的能源，如电、蒸汽、焦炭、煤气、氢等，它们使用方便，是高品质的能源。

按能源本身的性质分，能源可分为含能体能源（燃料能源）和过程性能源（非燃料能源）。燃料能源，如石油、煤、天然气、地热、氢等，它们可以直接储存；非燃料能源，如太阳能、风能、水能、海流、潮汐、波浪和一般热能等，它们无法直接储存。

按能源能否再生，能源可分为可再生能源和不可再生能源。可再生能源，是指不会随其本身的转化或人类的利用而越来越少的能源，如水能、风能、潮汐能、太阳能等；不可再生能源，它随人类的利用而越来越少，如石油、煤、天然气、核燃料等。

按对环境的污染情况，能源可分为清洁能源（又称绿色能源）和非清洁能源。清洁能源，即对环境无污染或污染很小的能源，如太阳能、水能、风能、氢能、海洋能等；非清洁能源，即对环境污染较大的能源，如煤、石油等。

按现阶段被利用的成熟程度，能源可分为常规能源和新能源。常规能源是指技术上比较成熟且已被大规模利用的能源，如煤炭、石油、天然气、薪柴燃料、水能等；新能源通常是指尚未大规模利用、正在积极研究开发的能源，如太阳能、风能、生物质能、地热能、潮汐能、可燃冰、聚变核能等。

表1－1　能源分类表

总类	类别	一次能源	二次能源
常规能源	燃料能源	煤、原油、天然气、薪柴燃料、核裂变燃料等	石油制品（汽油、煤油、柴油、燃料油、液化石油气）、煤制品（洗煤、焦炭、煤气）、甲醇、丙醇、酒精等
	非燃料能源	水能	电能、热水、蒸汽、余热、沼气等
新能源	燃料能源	生物质能、可燃冰、核聚变核燃料等	氢能
	非燃料能源	太阳能、风能、地热能、海洋能等	激光

（二）新能源的概念

能源与新材料、生物技术、信息技术一起构成了文明社会的四大支柱。能源是推动社会发展和经济进步的主要物质基础，能源技术的每次进步都带动了人类社会的发展。

随着煤炭、石油和天然气等化石燃料资源面临不可再生的消耗及生态环保的需要，新能源的开发将促进世界能源结构的转变，新能源技术的日益成熟将使未来产业领域产生革命性的变化。

新能源又称非常规能源，是指传统能源之外的各种能源形式，指刚开始开发利用或正在积极研究、有待推广的能源。一种能源，在它没有大规模利用以前，都属于新能源。

随着技术的进步和可持续发展观念的树立，过去一直被视作垃圾的工业与生活有机废弃物被重新认识，作为一种能源资源化利用的物质而受到深入的研究和开发利用。因此，废弃物的资源化利用也可看作是新能源技术的一种形式。

（三）各种新能源利用技术

新能源的各种形式都是直接或者间接地来自于太阳或地球内部深处所产生的热能，包括了太阳能、风能、生物质能、地热能、海洋能、可燃冰、氢能等，下面分别作简要的介绍。

太阳能是地球接收到的太阳辐射能。按照目前太阳质量消耗的速率计算，太阳内部的热核反应足以维持600亿年，相对于人类发展历史的有限年代而言，可以说是“取之不尽，用之不竭”的能源。太阳能的转换和利用技术主要有太阳能光热转换，即将太阳能转换为热能加以利用，如太阳能热水系统、太阳能制冷与空调、太阳能采暖、太阳能干燥系统等；太阳能光电转换，即太阳能光伏发电，包括半导体太阳能电池和光化学电池等。

风能也源于太阳能，是由于太阳辐射造成地球各部分受热不均匀，引起各地温差和气压不同，导致空气运动而产生的能量。利用风力机械可将风能转换成电能、机械能和热能等。风能利用的主要形式有风力发电，如海上风力发电、小型风机系统、风力提水、风力致热以及风帆助航等。

生物质能是蕴藏在生物质中的能量，是绿色植物通过光合作用将太阳能转化为化学能而储存在生物质内部的能量。有机物中除矿物燃料以外的所有源于动植物的能源物质均属于生物质能，通常包括木材及森林废弃物、农业废弃物、水生植物、油料植物、城市和工业有机废弃物、动物粪便等。生物质能开发利用技术有生物质气体技术、生物质成型技术、生物质液化技术等。

地热能是来自地球内部的能量，指地壳内能够科学、合理地开发出来的岩石中的热量和地热流体中的热量。不同品质的地热能，可用于不同目的。地热能的利用方式主要有地热发电和地热直接利用，如地热采暖、供热等。

海洋能是指蕴藏在海洋中的可再生能源，它包括潮汐能、波浪能、潮流能、海流能、海水温差能和海水盐差能等不同的能源形式。海洋能按其储存的能量形式可分为机械能、热能和化学能。潮汐能、波浪能、海流能、潮流能为机械能；海水温差能为热能；海水盐差能为化学能。海洋能利用技术可将海洋能转换成为电能或机械能。

可燃冰（天然气水合物）是20世纪科学考察中发现的一种新的矿产资源。它是水和天然气在高压和低温条件下混合时产生的一种固态物质，外貌极像冰雪或固体酒精，点火即可燃烧，有“可燃冰”“气冰”“固体瓦斯”之称，被誉为21世纪具有商业开发前景的战略资源。

氢能是世界新能源领域正在积极研究开发的一种二次能源。氢能具有清洁、无污染、高效率、储存及输送性能好等诸多优点，赢得了全世界各国的广泛关注。氢能在21世纪有望成为占主导地位的新能源，起到战略能源的作用。氢能利用技术包括制氢技术（如化石燃料制氢、电解水制氢、热化学分解水制氢等）、氢提纯技术、氢储存与输运技术（如压缩氢气储氢、液化储氢、金属氢化物储氢等）、氢的应用技术（如燃料电池、燃气轮机发电、氢内燃机等）。

未来的几种新能源还包括：

煤层气：煤在形成过程中由于温度及压力增加，在产生变质作用的同时也释放出可燃性气体。从泥炭到褐煤，每吨煤产生68立方米气；从泥炭到肥煤，每吨煤产生130立方米气；从泥炭到无烟煤每吨煤产生400立方米气。科学家估计，地球上煤层气可达2000万亿立方米。

微生物：世界上有不少国家盛产甘蔗、甜菜、木薯等，利用微生物发酵，可制成酒精，酒精具有燃烧完全、效率高、无污染等特点，用其稀释汽油可得到“乙醇汽油”，而且制作酒精的原料丰富，成本低廉。据报道，巴西已改装“乙醇汽油”或酒精为燃料的汽车达几十万辆，减轻了大气污染。此外，利用微生物可制取氢气，以开辟能源的新途径。

第四代核能：当今，世界科学家已研制出利用正反物质的核聚变，来制造出无任何污染的新型核能源。正反物质的原子在相遇的瞬间，灰飞烟灭，此时，会产生高当量的冲击波以及光辐射能。这种强大的光辐射能可转化为热能，如果能够控制正反物质的核反应强度，作为人类的新型能源，那将是人类能源史上的一场伟大的能源革命。

（四）新能源的主要特点

相对于传统能源，新能源普遍具有储量大污染少等特点，对于解决当今世界严重的环境污染问题和能源资源特别是化石能源枯竭问题具有重要意义。具体来说，新能源具有如下特点：

1．资源丰富，分布广泛，具备代替化石能源的良好条件

几种常见的新能源全球资源为：太阳能在地球表面 100000 万亿瓦，陆地表面 36000 万亿瓦，风能 2 万亿 ~4 万亿瓦可开发；生物质能总量 5 万亿 ~7 万亿瓦，其中非耕作土地可用 0.29%，地热能 9.7 万亿瓦，海洋能 2 万亿瓦。

以中国为例，仅太阳能、风能和生物质能等资源，在现有科学技术水平下，一年可以获得的资源量即达 72 亿吨标准煤（表 1－2），是 2010 年中国全国能源消费量 32.0 亿吨标准煤的 2 倍多。而且这些资源绝大多数是可再生的、洁净的能源，既可以长期、连续利用，又不会对环境造成污染。尽管新能源在其开发利用过程中因为消耗一定数量的燃料、动力和一定数量的钢材、水泥等物质而间接排放一些污染物，但排放量相对来说微不足道，从整体上可减少环境污染。

表 1－2　中国部分新能源资源每年可利用量

	中国资源量（兆吨标准煤）	备注
太阳能	4800	按 1% 陆地面积、转换效率 20% 计算
生物质能	700	包括农村废弃物和城市有机垃圾等生物质能
风能	1700	按海洋风能资源可开发量每年 2300 小时计算
潮汐能	50	按潮汐能发电计算
总计	7250	不包括地热能等其他新能源

新能源分布的广泛性，为建立分散型能源提供了十分便利的条件。此外，由于很多新能源分布均匀，对于解决由能源不均引发的战争，以及减少能源输

运成本也有着重要意义，这相对于化石能源来说具有不可比拟的优越性。

2. 技术逐步趋于成熟，作用日益突出

其主要特征是：能量转换效率不断提高；技术可靠性进一步改善；系统日益完善，稳定性和连续性不断提高；产业化不断发展，已涌现一批商业化技术。

3. 经济可行性不断改善

目前，如果仅就其经济效益而论，大多数新能源技术还不是廉价的技术，许多技术都达不到常规能源技术的水平，在经济上缺乏竞争能力。但是，在某些特定的地区和应用领域已表现出一定程度的市场竞争能力，如太阳能热水器、地热发电、地热采暖技术和微型光伏系统等。

二、发展新能源的意义

人类的发展从根本上说，可以概括为能源革命。中国石油、天然气资源相对不足，石油探明可采储量只占世界的2.4%，天然气占1.2%，人均石油、天然气可采储量分别仅为世界平均值的10%和5%。而煤炭消费在能源结构中的比重，比世界平均高出41.5个百分点，而石油低16个百分点，天然气低20.5个百分点。这个国情，决定了中国必受资源与环保的双重困扰，必须推进能源生产与消费的革命。新能源的开发利用对于引发中国能源开发利用的意义重大，值得期待。

（一）节约能源，维护能源安全

发展新能源对节约我国一次能源，优化能源结构，维护我国能源安全具有重大意义。我国目前处于经济高速发展的时期，能源建设任重道远。但是，长期以来中国的能源结构以煤为主，这是造成能源效率低下、环境污染严重的重要原因。优化我国能源结构、改善能源布局已成为我国能源发展的重要目标之一。

在优化能源结构过程中，提高优质能源，如石油、天然气在能源消费中的比重是十分必要的，但同时也带来了能源安全问题。中国能源需求的急剧增长打破了中国长期以来自给自足的能源供应格局，我国从1993年和1996年分别成为油品和原油的净进口国，且石油进口量逐年增加，石油进口依存度由1993年的6%一路攀升，2000年达到20%，2009年首次突破国际警戒线50%，达到52%。随着国民经济的持续增长，石油进口量占整体石油需求量中的份额会随之增长。天然气在中国有着广阔的发展前景，我国自2006年成为天然气净进口国，进口数量逐年增加。2009年，天然气表观消费量达900亿立方米，其中进口78亿立方米，对外依存度超过8%。由于中国化石能源尤其是石油和天然气生产量的相对不足，未来中国能源供给对国际市场的依赖程度将越来越高。

化石能源尤其是石油是一种战略物质，它的供应数量及价格经常受到国际形势的影响。国际贸易存在着很多的不确定因素，国际能源价格有可能随着国际和平环境的改善而趋于稳定，但也有可能随着国际局势的动荡而波动。伊拉克、阿富汗战争过后，中东乃至中亚不稳定因素依然存在，世界恐怖主义也威胁着包括俄罗斯、印度尼西亚、拉美等石油储量丰富的国家。今后国际石油市场的不稳定以及油价波动都将严重影响中国的石油供给，对经济社会造成很大的冲击。在进口依存度逐渐增加的情况下，我国能源供应的稳定性也会受到国际局势的影响。

新能源大多属于本地资源，其开发和利用过程都在国内开展，不会受到国外因素的影响。新能源通过一定的技术工艺，可转换为电力及液体燃料，如燃料乙醇、生物柴油和氢等。因此，大力发展国内丰富的新能源，尤其是在具有丰富可再生资源的地区，可以充分发挥资源优势，如利用西部和东南沿海的风能资源，既可以显著地改善能源结构，还可以缓解经济发展给环境带来的压力。通过建立包括新能源在内的多元化的能源结构，不仅可以满足经济增长对能源的需求，而且可相对减少中国能源需求中化石能源的比例和对进口能源的依赖程度，有利于提高中国能源、经济安全。

（二）减少污染，保护环境

发展新能源是减少温室气体排放的一个重要手段。新能源中大部分属于清洁能源，与化石能源相比最重要的好处就是其环境污染少，目前世界各国都已经注意到发展清洁的新能源有巨大的环境效益，其中重要的一点就是清洁新能源的开发利用很少或几乎不会产生二氧化碳（CO_2）、二氧化硫（SO_2）、氮氧化物（NO_X）等对大气环境有危害的气体。以风电为例，它们的全生命周期内的碳排放强度仅为每度电6克，远远低于燃煤发电的强度每度电275克。

温室气体减排是全球环境保护和可持续发展的一个主题。《京都议定书》对各国做出了严格的减排要求，许多发达国家已投入到减排工作。如欧盟国家已经将可再生的新能源的开发利用作为温室气体减排的重要措施，其计划到2020年风力发电装机要占整个欧盟发电装机的15%以上，到2050年可再生新能源在整个能源构成中占50%的比例，可见其对可再生新能源在减排问题上的重视。我国作为一个经济快速发展的大国，努力降低化石能源在能源消费结构中的比重，尽量减少温室气体的排放，树立良好的国家形象是必要的。而新能源是最能有效减少温室气体排放的技术手段之一，因此，从减少温室气体排放，承担减缓气候变化的国际义务出发，应加大力度开发利用新能源。

（三）实现可持续发展

人类社会实现可持续发展面临两大世界性的能源问题：一是能源短缺及供需矛盾所造成的能源危机；另一问题是，随着经济的发展和生活水平的提高，人们对环境质量的要求也越来越高，相应的环保标准和环保法规也越来越严格。

一百年来，全球能源消耗平均每年呈3%指数的增加。目前，尽管许多发达国家能源消耗基本趋于稳定，但大多数新兴发展中国家如中国工业化进程加快，能耗不断增加。因此，预计未来全球能源消耗仍将保持3%的增长速度。

表1-3　世界化石燃料探明可采储量

煤炭/吉特			石油/吉特			天然气/特立方米		
世界总计		1043.86	世界总计		137.3	世界总计		14.1
1	俄罗斯	241.0	1	沙特	25.7	1	俄罗斯	5.6
2	美国	240.56	2	伊拉克	13.4	2	伊朗	2.1
3	中国	114.5	3	科威特	13.3	3	卡塔尔	0.71
4	澳大利亚	90.94	4	阿联酋	12.7	4	阿联酋	0.53
5	德国	60.07	5	伊朗	12.2	5	沙特阿拉伯	0.53
6	印度	69.59	6	委内瑞拉	9.3	6	美国	0.46
7	南非	55.33	7	俄罗斯	7.8	7	委内瑞拉	0.38
8	波兰	42.1	8	墨西哥	7.3	8	阿尔及利亚	0.36
			9	美国	3.8	9	尼日利亚	0.34
			10	中国	3.3	10	伊拉克	0.31
						11	中国	0.17

表1－4　世界不可再生能源估计开采年限

能源种类	已探明的储存量（PR）和推测出的潜在储存量（AR）	消耗期
煤	900（PR），2700（AR）	200年左右
石油	100（PR），36（AR）	20年左右
天然气	74（PR），60（AR）	40年左右
铀	按热反应堆计60（PR＋AR）	70年左右
	按增值反应堆计1300（PR），1600（AR）	100年左右
所有不可再生能源	1100（PR）300（AR）	200年左右

能源消耗持续快速增长带来十分严重的后果：一方面，愈来愈快地消耗掉常规化石能源储量，表1－3是世界化石燃料探明可采储量，表1－4是世界非再生能源估计开采年限，可以看出，化石能源是很有限的，严重威胁着我们今后的发展；另一方面，化石能源从开采、运输到使用都带来严重污染，伴随着化石燃料消耗的增加，大气中二氧化碳等污染物的含量持续增加，大量研究证明，80%以上的大气污染和95%的温室气体都是由于燃烧化石燃料引起的，同时还会对水体和土壤带来一系列的污染，这些污染使得生态环境恶化，自然灾害频发，其造成的损失逐年增加，对人体健康的影响也极其严重。

人类社会可持续发展必须以能源的可持续发展为基础，实现可持续发展必须建立可持续能源系统。根据可持续发展的定义和要求，可持续能源系统必须同时满足三个条件：一是从资源来说是丰富的、可持续利用的，能够长期支持社会经济发展对能源的需求；二是在质量上是洁净的，低排放或零排放的，不会对环境构成威胁；三是在技术经济上是人类社会可以接受的，能带来实际经济效益的。从世界可持续发展的角度以及人们对保护环境资源的认识程度来看，开发利用洁净的新能源，是可持续发展的必然选择。

发展新能源是建立可持续能源系统的必然选择。从新能源的角度看，首先它资源丰富、分布广泛，具备代替化石能源的良好条件；其次新能源对环境友好，污染排放较少，对人类健康影响较小；最后是新能源技术上不断成熟，经济可行性不断提高，新能源系统是符合可持续发展的要求的。

目前，世界能源面临着一个新的转折点，正处于第三次能源大转换的时期（第一次是煤炭取代木材等成为主要能源；第二次是石油取代煤炭而居主导地位；第三次则是目前正出现的向多元能源结构过渡，这一次转换还未完成），能源消费结构，已经开始从以石油为主要能源逐步向多元能源过渡。从能源发展的历程中，我们不难看出，三次大的能源革命都是高效能源取代传统能源，都会使社会有一个新的飞跃。

我国是世界上最大的煤炭生产和消费国，煤炭占商品能源消费的75%，已成为我国大气污染的主要来源。已经探明的常规能源剩余储量（煤炭、石油、天然气等）及可开采年限十分有限，潜在危机比世界总的形势更加严峻，能源工业面临的经济增长、环境保护和社会发展的压力更大。因此，我们应把握第三次能源革命的时机，开发和利用新能源，建立一种新型、清洁、安全的可持续能源系统，走能源、环境、经济社会和谐发展之路。

三、新能源发展概况

（一）新能源发展现状

自20世纪70年代出现能源危机以来，世界各国逐渐认识到能源对人类的重要性，同时也认识到常规能源利用过程中对环境和对生态造成的破坏，许多国家制定了新能源的发展规划，加大了人力和物力的投入，使新能源技术得到了快速发展。目前，新能源成为能源可持续战略中的重点之一，为能源的可持续发展提供了新的增长点和商机，促使各国政府和具有能源战略眼光的大公司投入到新能源研究中，加快了新能源的推广应用进程。

1. 新能源研究

新能源的研究方法主要分为基础理论研究、实用技术研发、工程实用推广等。

基础理论研究为新能源实用技术的研发奠定了基础并指明了方向，是其进入商业化应用的基石。世界各国对新能源的基础研究十分重视，我国在国家自然科学基金和“863”计划中都专门将它作为重点资助的领域。新能源的基础理论研究主要集中在高等院校和科研机构，国外少数大公司所属的研究所也从事它的基础理论研究，目前已解决了许多基础理论问题，但还存在一些尚未解决的难题。

新能源的实用技术研发和工程实用推广主要集中在政府部门以及从事新能源的企业中。而新能源的商业化应用不仅取决于其技术本身，而且取决于其他相关学科技术的发展以及能源政策的扶持和激励作用。目前，材料科学与技术、计算机科学与技术、控制理论与技术、通信技术、环保技术等相关领域的发展和进步都直接影响和制约了新能源的商业化进程，只有上述相关领域的技术取得新的突破，才能降低新能源的生产成本，提高竞争力，最终提高其在能源总消费中的比例。

2. 新能源技术开发

我国几种主要新能源技术开发现状如下：

（1）太阳能开发技术。太阳能开发技术主要包括太阳热能直接利用、太阳能光电池和太阳能热电技术三方面。太阳热能直接利用技术发展较快，尤其是太阳能热水器最快。全国现有生产厂家140～150家，年产量30万～40万平方米。太阳能温室、太阳能干燥器、太阳灶等产品已进入实用阶段，初步形成了产业。目前已建成60座太阳能试验型和生产型干燥装置，太阳灶10.8万台，太阳房628栋18万平方米，在西藏及甘南已形成使用太阳房的小气候。太阳能光电池的研究还处于以产品开发为主的阶段。在太阳能热电技术方面，研究开发才开始起步，1千瓦级的太阳能试验热电站已投入运行，5千瓦级正在研究。

（2）风能开发技术。我国小型风力发电机发电技术开发应用发展比较快。小型风力发电机机型已成系列，性能、结构工艺、制造质量和可靠性已接近国外先进水平。小型风电技术已商品化，风力发电已初步形成产业。我国在大中型风力发电机的设计、制造和材料方面均落后于丹麦、荷兰、英国和美国等国家。到2010年年底，全国累计风电装机容量已突破4000万千瓦，海上风电大规模开发正式起步。

（3）生物质能开发技术。我国沼气技术"厌氧消化技术"研究水平较高，可与世界先进水平相比。近年来，在大型沼气池的供气或发电及环境的综合治理技术开发、廉价商品化组合式沼气池研制与开发，沼气发酵微生物和生物化学发酵工艺研究等方面，都取得了较好的研究成果。在沼气技术的推广应用上，我国居世界领先地位。全国农村有沼气池500万口，年产沼气10亿立方米以上，大中型沼气工程已建成1000多处。

（4）地热能开发技术。地热能开发包括地热发电技术和地热直接利用技术，前者属于高技术。在地热发电方面，我国主要开发了地热蒸气发电技术，已建成8座地热电站，总装机容量14.586兆瓦，列世界第14位。在地压地热、干热岩体和岩浆型高温地热的发电技术开发研究上，我国尚属空白。据不完全统计，我国的地热直接利用的利用总量相当于74.3×10^4千瓦。其中，工业用15.8×10^4千瓦，农业用17.2×10^4千瓦，生活用41.3×10^4千瓦。

（5）海洋能开发技术。我国潮汐能发电技术已取得一定成就，相继建成一批中小潮汐电站，总装机容量已超过 10000 千瓦，列世界第 3 位。在灯泡式贯流机组研制、防腐防垢、沉箱施工筑堤和电站自动化运行等方面积累了成功的经验，开始了小型全贯流式机组的研究，对单机容量为万千瓦级的潮汐电站也进行了论证研究。在波浪能发电方面，我国已研制出 BD102 型航标灯用波力发电装置，性能达 20 世纪 80 年代世界先进水平，并已成批生产。装机容量为 8 千瓦的珠江波力试验电站即将建成，年内试发电。潮流发电、温差发电的研究尚处实验室模拟阶段。

3. 新能源技术产业应用

目前中国和世界各种能源消费所占的比例见图 1－1。可见，当今的能源消费仍然以煤、石油和天然气等化石燃料为主。但是，新能源产业发展迅速。以新能源发电为例，国际能源署 IEA 对 2000—2030 年国际电力的需求进行了研究，研究表明，在未来 30 年内非水利的新能源发电将比其他任何燃料的发电都要增长得快，年增长速度近 6%，在 2000—2030 年间其总发电量将增加 5 倍，到 2030 年，它将提供世界总电力的 4.4%。2008 年，全球新能源领域投资 1523 亿美元，其中以风能和太阳能为主，两者占总投资的比重达到 70%。

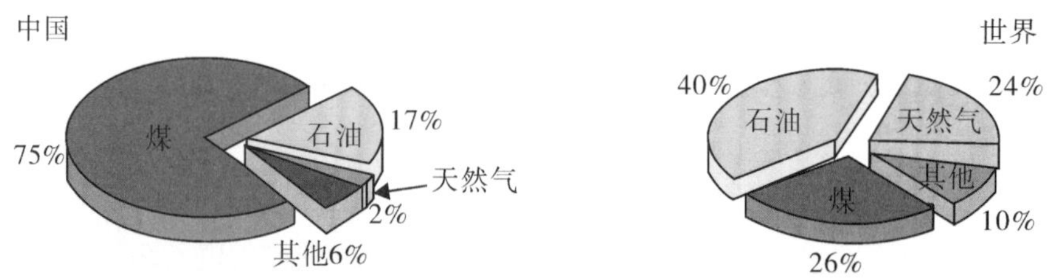

图 1－1　能源消费结构现状

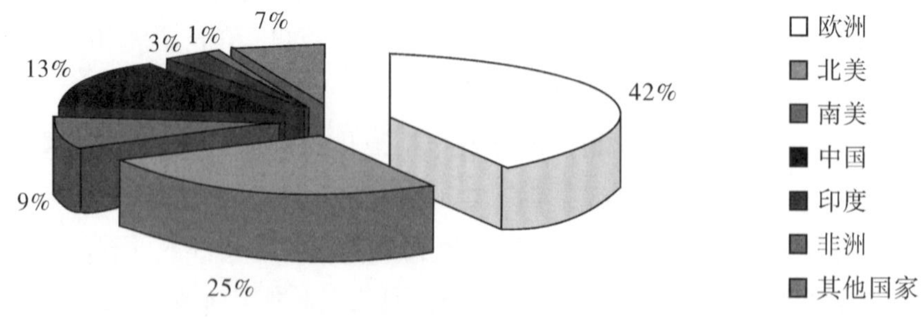

图 1－2　2009 年地区投资额占全球总投资分布图

新能源行业发展方面，2008 年，太阳能热水器累计保有 18454 万立方米，中国占72%；太阳能电池产量达到5000兆瓦，中国占40%；燃料乙醇的产量达到6560万吨，中国占2.8%；风电装机总规模达到121000兆瓦，中国占1.2%；生物柴油产量达到300万吨，中国占0.7%。

从地区发展来看，2009年地区投资额占全球总投资分布见图1－2。可见，在新能源领域的投资比例较高的地区或国家为欧洲、北美、中国、南美和印度。各国新能源产业的发展也具有各自的特色。如巴西以生物乙醇的利用为主要特征，生物乙醇的使用占整个国家机动燃料的50%左右；美国在生物方面也有一些比较突出的利用情况；中国主要突出的是太阳能热水器的利用；丹麦、德国等在风电技术方面较有优势。

国际新能源产业的知名企业主要集中于太阳能光伏产业和风能产业。太阳能光伏产业方面，有德国Q－Cells、中国尚德太阳能Suntech Power、美国FIRST SOLAR、中国晶澳太阳能JA SOLAR、中国天威英利YingLi Solar、加拿大Canadian Solar等。风能方面，2011年，全球风电机组市场份额主要由以下公司瓜分：丹麦Vestas 15%、中国华锐风电Sinovel 11%、美国GE 10%、中国金风科技Goldwind 9%、德国Enercon 8%、中国东方汽轮机Dongfang 7%、西班牙Gamesa 7%、德国Siemens 6%、印度Suzlon 5%、中国国电联合动力United Power 4%。

中国在新能源的开发利用方面已经取得显著进展，技术水平有了很大提高，产业化初具规模。目前，太阳能、风能、生物质能以及地热能等的利用技术已经得到了应用。2008年，太阳能光伏产业规模已达5000兆瓦，居世界第一，太阳能电池产量达到2000兆瓦，累计太阳能热水器保有量达到13284万立方米；风力发电能力排名世界第四，风电累计装机容量达到了324兆瓦；燃料乙醇产量达到190万吨。2010年，我国新能源占能源生产总量的比重已接近10%。

2009年，国内新能源新增投资中以风电和太阳能为主，分别占总新增投资的58%和36%的比例。按照国家规划，2020年非化石能源占我国一次能源的比重将提高到15%。其中，占比4%的核电和占比9%的水电起着“扛鼎”作用。然而，日本核电危机之后，我国核电建设项目暂缓审批，核电热暂时降温。中国可再生能源学会副理事长赵玉文表示：“由哪种可再生能源补核电的缺还为时过早，但可以肯定的是，未来光伏、风电等其他可再生能源的比例会上调。”

中国新能源产业的知名企业也集中于太阳能光伏产业和风能产业。风能方面有：华锐风电科技、新疆金风科技、东方汽轮机、四川风瑞能源、浙江华仪风能开发、江西麦德风能设备、上海电气风电设备、中国南车株洲电力机车研究所风电事业部、湖南湘电风能、中船重工（重庆）海装风电设备等。太阳能光伏产业方面有：无锡尚德、天威英利、江西塞维、河北晶奥、南京中电、保利协鑫、拓日新能、南玻等。国内太阳能热水器产业方面，全国有5000多家太阳能热水器品牌企业，产值亿元以上的有：皇明、力诺、太阳雨、桑乐等20多个品牌，但前20名企业所占市场份额还不到17%，基本上形成了山东、浙江、江苏、北京四大太阳能热水器产业基地。

4. 广东新能源发展概况

广东省的新能源，如风能、太阳能、地热能、潮汐能等较丰富。

广东太阳能资源储量丰富，太阳高度角大，太阳辐射量多，属于我国三类太阳能辐射地区，每平方米太阳辐射量最大可达1000瓦，全年日照在2200小时以上。广东省南部太阳年日照时数为2200～3000小时，年辐射总量在每平方米5000～5850兆焦之间，广东省东部太阳能平均年辐射总量为每平方米5162兆焦。

广东风力资源丰富，风电开发条件良好。广东省拥有3300千米以上的海岸线和上千个岛屿，沿海一带及岛屿风速大，风能蕴藏量丰富。广东省可开发的风电场分布在沿海近海岸区域，较高的山地也有零星分布，面积为8360平方千米，理论可开发量为15400兆瓦，技术可开发量1210兆瓦。广东省风能的潜在开发区分布在沿海和河口一带，面积为6599平方千米；理论可开发量为7990兆瓦，技术可开发量627兆瓦。高产的风电场主要分布在向外海突出的沿岸、近海岛屿和内陆地区的高山山顶一带，面积为1797平方千米，理论可开发量为5720兆瓦，技术可开发量449兆瓦。

广东省每年产生的稻草、甘蔗渣在1000万～1500万吨之间，还有大量的城市和工业可燃废弃物及稻壳、木薯、速生林等能源作物，可直接发电或通过热解气化供热发电，估计目前广东省的生物质能资源可达到1000万吨标煤。

广东是海洋大省，拥有南海北部海域面积35万平方千米，海洋资源十分丰富。在能源矿产方面，除了常规的石油天然气外，还蕴藏着潜力巨大的非常规能源矿产——天然气水合物，这对能源短缺的广东来说是一笔潜在的巨大宝贵财富。

此外，广东省还有较为丰富的地热能等资源。

虽然广东省新能源资源丰富，然而在一次能源供给中的比重还不到1%，尚有较大的开发空间。目前可开发的新能源资源主要包括风能和海洋能。其中，风能作为一种新能源资源，从20世纪80年代开始，广东就凭借沿海区位优势，开始致力于风力发电的应用，并取得了巨大成就。对于海洋能的开发和利用也正在进一步探索中，广东顺德建设的潮汐电站“甘竹滩”就是充分利用潮汐发电的试验和示范。

按照世界能源委员会WEC的研究建议，风能、太阳能等可再生新能源才是符合环保的永续发展所需的能源。因此，广东应继续致力于可再生新能源的开发和利用，逐步承担起经济发展所需的重要能源动力。

(1) 加快太阳能的开发及利用。

广东省作为缺能大省，应将光伏电池这一利用太阳能的新技术作为开发重点，引进国外先进技术，消化吸收，站在高起点上结合自主开发，形成一批通过引进技术消化吸收而拥有的自主知识产权，进一步降低光伏电池制造成本，建立较大型的太阳能光伏发电站，并将光伏电池在住宅等建筑上推广使用。

此外，广东太阳能开发的另一个重点应放在发展太阳能空调技术上，即利用太阳能转换的热能驱动吸收式制冷机进行制冷。广东省高温天气持续时间长，天气越热，常规空调耗电量越大，而利用太阳能作为能源的空调系统，当天气越热，太阳能辐射越强时，人们越需要空调制冷，而此时太阳能空调的制冷能力越强，制冷效果越好。

广东在太阳能空调研究方面处于国内领先地位，但由于太阳能空调还存在效率低、价格高等问题，加之建筑设计没有考虑到太阳能空调集热器的安装问题，太阳能空调进入市场的步伐相对缓慢。广东应继续加强太阳能空调的科研攻关，不断提高太阳能空调的效率，降低成本，通过蓄热技术和蓄热载体的研究开发，实现太阳能空调系统应用的连续性，并加强太阳能科研人员与房地产开发商、建筑师的合作，将太阳能的应用设计和建筑设计真正结合起来，做到太阳能应用与建筑设计一体化，加快推广利用太阳能空调、供热水等多功能的太阳房的建设。

(2) 扩大风电场数量及规模。

风能是一种无污染、取之不尽用之不竭的可再生能源，广东沿海及其岛屿风能资源丰富，应充分利用风能资源丰富、售电市场良好、上网电价较高、筹资能力强的优势，加大开发风能资源的力度。在发展风力发电的过程中，要总结现有风电场的经验及教训，加快建立风力发电的市场化机制，不断完善相关法规和制度，抓紧在沿海一带进行新的风电场的选址及优化设计工作，加速技术先进的大型风电场的建设。除加快发展大型风电场外，广东也必须重视小风电的推广使用。在近海滩涂养殖地及沿海岛屿等一些缺电地方，用柴油或汽油发电机组供电，成本高，对环境有污染，但这些地方风力资源较丰富，可推广使用小型户用风力发电机组或几台机组并联供几户或一个村庄用电。

（3）多途径利用生物质能。

生物质是地球上最普遍的一种可再生能源资源，在生物质的循环利用中，生物质转化产生的碳与植物生长所吸收的碳的量几乎相等，因此，生物质的利用不会造成大气中 CO_2的增加。生物质燃料中硫含量极少，不会排放导致酸雨的二氧化硫，故生物质能具有广泛的实用价值。

目前广东在利用城市垃圾发电方面走在全国的前列，珠海、佛山等城市都建有垃圾发电厂，既对垃圾进行了无害化处理，又利用了垃圾中的生物质能，应继续加大力度在各个城市推广垃圾发电技术。

利用生物质能的另一有效途径是在广东沿海一带种植微藻，制取生物柴油，此项目极具开发潜力，因为优良微藻具有生物量大、生长周期短、易培养以及含有较高的脂类物质等优点，是制备生物质液体燃料的良好原料，并且对水体环境有一定的净化作用。广东有大量的海岸滩涂，尽快选育出适合的优质藻株进行大规模养殖，是大规模利用生物质制取生物燃料的有效途径。

此外，广东餐饮业非常发达，各大城市每天的餐饮废弃物数量巨大，若各大城市推广利用先进回收技术将餐饮废弃物集中资源化处理，也可制造出大量优质生物柴油。

（4）加强海洋能的开发。

海洋能资源包括潮汐能、波浪能和温差能。广东海岸线长，可用于潮汐发电资源约 400 万千瓦，沿海海域的海水温差都在 20℃以上是很好的海水温差发电场所。

总之，广东应充分利用新能源较丰富、经济实力雄厚、科研力量较强、融资较易等优势，制定一系列完善的法规和优惠政策，为从事新能源开发的企业、个人提供保障，调动广大科研人员的积极性，加大科研经费投入，加强国际交流与合作，加快广东发展和利用新能源的步伐，大幅度提高新能源在能源消耗中所占比例，缓解广东能源供应危机，保护环境，保持经济持续发展。

（二）主要问题及对策

目前国内新能源产业发展面临着诸多困难和挑战。

（1）基础应用研究、技术开发、生产推广之间关系不协调，单位之间协作少，缺乏统一领导。

新能源技术涉及的学科面广，技术路线复杂，许多科研和重点项目开发需要多学科、多单位协作。高等院校、科研所人才密集，研究水平高，研究成果多，但转化为企业的实用产品少；而有的地方只强调经济效益，只抓产品开发，放松基础应用理论研究，许多开发出来的产品，由于不重视示范、试点，推广不开或很慢，影响了产业的发展。

（2）许多实用技术还不完善，核心技术缺位，国产化问题没有解决好。

我国潮汐能发电、地热发电技术已经有实际应用，但还存在防垢防锈问题。风力发电机不能适应风力变化和负荷变化。太阳能热水器、太阳能干燥器等产品市场潜力很大，但品种少，质量有问题，不能适应市场需要。我国光伏产业的核心技术即硅材料提纯仍依赖进口，不少企业缺乏核心技术、知识产权，却仍盲目上马项目。我国已引进 7 条较先进的太阳光电池生产线，但技术消化吸收差，研究和生产水平仍较低。在风电制造方面也存在类似问题。

（3）产业发展缺乏规划，出现重复建设倾向。

许多新能源产业的发展缺乏明确的战略目标和步骤，也没有重点，有些只顾及眼前利益，不考虑长远发展。如地热能开发，有些地方盲目大量开采地下热水，造成地面竭陷、热水量减少、资源过早枯竭。数据显示，国内企业的风机产能可达 3500 万～4000 万千瓦，而国内风电场的建设速度仅能维持在年装机容量 1000 万～1500 万千瓦之间。多晶硅方面，2009 年国内厂商有效供货能力将达 8 万吨～11 万吨，而预期全球有效需求只有 6 万吨。在供大于求的市场形势下，一些地方政府和企业由于认识不足而盲目上项目。如一些地方光照不充分，却盲目推广光伏发电；一些地方风力资源不充分，却想大力发展风力发电；一些有条件研发新能源装备的地区，并不一定适合推广利用该新能源，但却片面强调研发与应用一体化，造成人、财的浪费。

（4）目前新能源在一次能源中的比例总体上偏低。

一方面是与国家的重视程度与政策有关，另一方面与新能源技术的成本偏高有关，尤其是技术含量较高的太阳能、生物质能、风能等。

太阳能、生物质能、地热能、海洋能、氢能等新能源发展潜力巨大，近年来得到较大发展。2010 年以来，政府将“调结构”作为宏观经济发展的重中之重，能源结构优化升级成为大势所趋，新能源产业迎来发展新契机。民营企业、国际资本、风险投资等诸多投资者争相投资中国新能源领域，我国新能源产业发展前景乐观。

新能源行业发展策略，主要有：

（1）深化体制改革，坚持政策引导。

科研和生产的管理体制，是发挥生产力作用的条件。当前新能源发展的主要推动力仍然是政策扶持。政策引导力度有待进一步加强，即加强新能源产业的布局和监管，加大新能源技术的研发力度，构建新能源经济政策体系。

（2）加强技术攻关，提高新能源技术的水平。

引进技术的消化吸收、新能源材料的国产化、影响新能源技术发展的关键研究和开发项目等要加强攻关，从自主创新、掌握核心技术方面入手，扭转我国企业整体科研实力特别是基础理论领域长期滞后、国家相关政策过分强调应用领域研究的不利局面，从长期利益着眼，推动本土企业创新能力提升和装备国产化率提高，为新能源高技术产业发展铺平道路。

（3）制定产业发展规划，防止产业陷入低价恶性竞争怪圈。

抓紧制定新能源产业发展规划，明确产业发展目标、重点开发方向，结束产业发展的盲目性和混乱状态，是当前产业发展中的重大任务。防止盲目扩张，同时建议相关部门统筹规划，进一步研究能源发展布局和比重，在制定能源发展总体规划时，要考虑通过设置技术壁垒，提高环保标准，避免各地的低水平重复建设。

（4）加强中外合作，广开资金来源，支持新能源事业发展。

中国市场复杂，机遇巨大，发展问题紧迫，中外合作的前景在于中外企业将共同发现市场机遇并寻找解决方案。广开资金来源，首先要有国家支持，建立新能源开发基金。其次要多渠道集资，利用地方政府、单位乃至个人及外资的支持。

（三）新能源相关政策

与新能源相关的重要政策法规有：《可再生能源法》《可再生能源中长期发展规划》《可再生能源十一五规划》等。行业方面，针对太阳能光伏产业有：《关于加快推进太阳能光电建筑应用的实施意见》《太阳能光电建筑应用财政补助资金管理暂行办法》等；风电方面有：《完善风力发电上网电价政策的通知》

《风电设备制造行业准入标准》《国家电网公司促进风电发展白皮书》等，从政策法规上为积极发展光伏产业和风电提供了保障。生物质能方面，随着《可再生能源法》和相关可再生能源电价补贴政策出台和实施，新建生物质发电项目在 15 年内享受每度电 0. 25 元的价格补贴。在此政策激励下，中国生物质发电的投资热情迅速高涨，至 2008 年 9 月，包括拟建项目在内已有 106 项，容量近 3000 兆瓦。

2011 年 5 月，国家发改委下发《产业结构调整指导目录（2011 年版）》。与 2005 年版目录相比，新能源作为单独门类，首次进入指导目录的鼓励类。作为国家最具纲领性的产业政策指导文件，投资项目一旦进入指导目录鼓励类，就意味着获得了相关部门在上市融资、银行信贷、用地、税收等多个方面的优待证。因此，该指导目录可以看作是我国产业政策的风向标与晴雨表。

该指导目录内容包括：鼓励太阳能热发电集热系统、太阳能光伏发电系统集成技术开发应用、逆变控制系统开发制造；太阳能建筑一体化组件设计与制造；高效太阳能热水器及热水工程，太阳能中高温利用技术开发与设备制造；鼓励风电与光伏发电互补系统技术开发与应用；鼓励生物质纤维素乙醇、生物柴油等非粮生物质燃料生产技术开发与应用；生物质直燃、气化发电技术开发与设备制造；农林生物质资源搜集、运输、储存技术开发与设备制造；农林生物质成型燃料加工设备、锅炉和炉具制造；以畜禽养殖场废弃物、城市填埋垃圾、工业有机废水等为原料的大型沼气生产成套设备；沼气发电机组、沼气净化设备、沼气管道供气、装罐成套设备制造；鼓励海洋能、地热能利用技术开发与设备制造。

该指导目录对光热发电运营及设备制造和逆变器制造支持力度加大，支持转化率高的太阳能电池生产项目；不再鼓励 2. 5 兆瓦以下的电机组制造，逐步淘汰落后技术风电机组，生物发电与生物纤维素乙醇与柴油项目将提速，海洋能与地热能有望在“十二五”期间获得初步发展。

第二章 太阳能

一、基础知识

（一）太阳能的概念

太阳是一个炽热的气态球体，它的直径约为139万千米，质量约为2.2×10^{19}亿吨，为地球质量的33.2万倍，体积则比地球大130万倍，平均密度为地球的1/4。其主要组成气体约为80%的氢和约19%的氦。

太阳能一般指太阳光的辐射能量。广义上的太阳能是各种新能源包含生物质能、风能、海洋能、水能等最重要的基本能源，地球上的化石燃料从根本上说也是远古以来贮存下来的太阳能。狭义的太阳能作为可再生的新能源的一种，则是指太阳能的直接转化和利用。

太阳能既是一次能源，又是可再生能源、清洁能源。它资源丰富，既可免费使用，又无须运输，对环境无任何污染。

但太阳能也有两个主要缺点：一是能流密度低；二是其强度受各种因素的影响不能维持常量。这两大缺点大大限制了太阳能的有效利用。

（二）太阳能资源及其分布

1. 我国太阳能资源及其分布

太阳是一个巨大、久远、无尽的能源。太阳内部进行着剧烈的由氢聚变成氦的热核反应，以$E=MC^2$（M为物质的质量，C为光速）的关系进行质能转换，1克物质可转化为90万亿焦耳能量，并不断向宇宙空间辐射出巨大的能量。太阳辐射到地球大气层的能量高达 1.73×10^{17} 瓦，换句话说，太阳每秒钟辐射到地球上的能量就相当于500万吨煤。其中投射到地球上的太阳辐射被大气层反射、吸收之后，还有约70%投射到地面，一年中仍高达 1.05×10^{18} 度电，相当于130万亿吨标煤，其中我国陆地面积每年接收的太阳辐射能相当于2.4万亿吨标煤。根据目前太阳产生核能的速率估算，其氢的储量足够维持100亿年，因此相对于人类发展历史的有限年代而言，太阳能可以说是用之不竭的能源。

地球上太阳能资源的分布与各地的纬度、海拔高度、地理状况和气候条件有关。太阳能资源的丰富程度一般以全年总辐射量（单位为千卡/平方厘米·年或千瓦/平方厘米·年）和全年日照总时数表示。就全球而言，美国西南部、非洲、澳大利亚、中国西藏、中东等地区的全年总辐射量或日照总时数最大，为世界太阳能资源最丰富的地区。

我国幅员广大，有着十分丰富的太阳能资源，属太阳能资源丰富的国家之一。据估算，我国陆地表面每年接受的太阳能辐射约为 5×10^{19} 千焦，全国各地太阳能辐射总量达335万~837万千焦/平方米·年之间，中值平均为586万千焦/平方米·年，全国总面积2/3以上地区年日照时数大于2000小时。

我国太阳能资源分布的主要特点有：太阳能的高值中心和低值中心都处在北纬22°~35°这一带，青藏高原是高值中心，四川盆地是低值中心；太阳能年辐射总量，西部地区高于东部地区，而且除西藏和新疆两个自治区外，由于南方多数地区云雾雨多，在北纬30°~40°地区，太阳能的分布情况与一般的太阳能随纬度而变化的规律相反，基本上是南部低于北部。

图2-1给出我国太阳辐射时间分布。研究表明，在太阳能利用方面具有经济价值的地区是年太阳辐射时间高于2200小时的地区，因此我国在大部分地区推广应用太阳能技术具备良好的资源条件，特别对电力紧缺地区具有较好的经济效应和社会效应。

根据太阳辐射量的多少，可将我国划分为五类地区，表示为五个太阳能等级。

一类地区为我国太阳能资源最丰富的地区，全年日照时数为2800~3300小时，年太阳辐射总量6700兆~8370兆焦/平方米，相当于日辐射量每平方米5.1~6.4度电。这些地区包括宁夏北部、甘肃北部、新疆东部、青海西部和西藏西部等地，尤以西藏西部最为丰富，最高达日辐射量每平方米6.4度电，居世界第二位，仅次于撒哈拉大沙漠，其中拉萨是世界著名的阳光城。

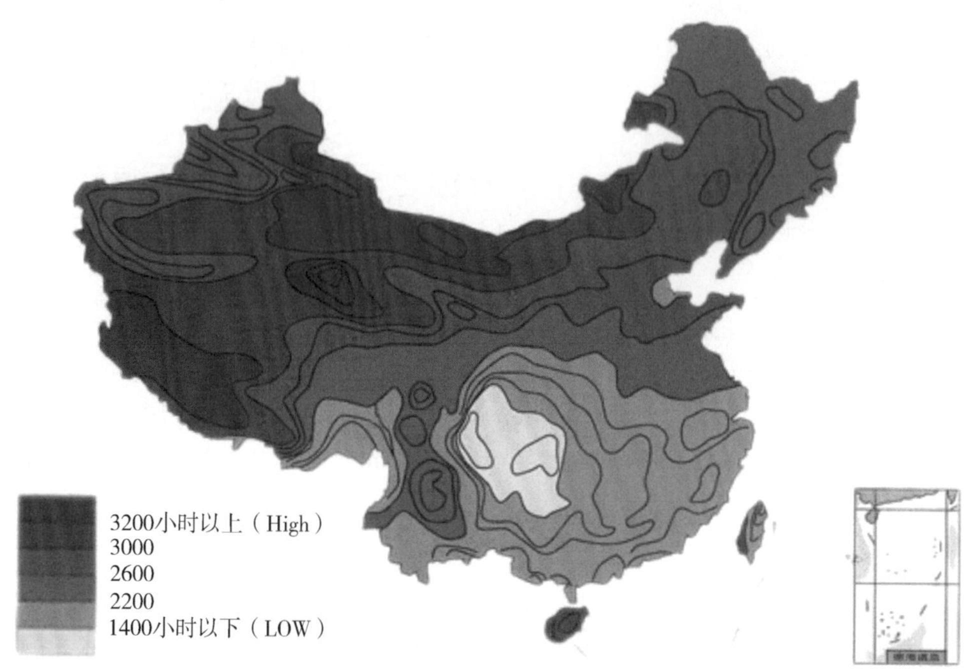

图 2－1 中国太阳辐射时间分布图

二类地区为我国太阳能资源较丰富地区，全年日照时数为 3000～3200 小时，年太阳辐射总量为 5860 兆～6700 兆焦/平方米，相当于日辐射量 4.5～5.1 千瓦时/平方米。这些地区包括河北西北部、山西北部、内蒙古南部、宁夏南部、甘肃中部、青海东部、西藏东南部和新疆南部等地。

三类地区为我国太阳能资源中等类型地区，全年日照时数为 2200～3000 小时，年太阳辐射总量为 5020 兆～5860 兆焦/平方米，相当于日辐射量 3.8～4.5 千瓦时/平方米。主要包括山东、河南、河北东南部、山西南部、新疆北部、吉林、辽宁、云南、陕西北部、甘肃东南部、广东南部、福建南部、苏北、皖北、台湾西南部等地。

四类地区是我国太阳能资源较差地区，全年日照时数为 1400～2200 小时，年太阳辐射总量 4190 兆～5020 兆焦/平方米，相当于日辐射量 3.2～3.8 千瓦时/平方米。这些地区包括湖南、湖北、广西、江西、浙江、福建北部、广东北部、陕南、苏北、皖南以及黑龙江、台湾东北部等地。长江中下游、福建、浙江和广东的一部分地区，春夏多阴雨，秋冬季太阳能资源还可以。

五类地区是我国太阳能资源最少的地区，全年日照时数为 1000～1400 小时，年太阳辐射总量3350兆～4190兆焦/平方米，相当于日辐射量只有2.5～3.2千瓦时/平方米，主要包括四川、贵州两省。

表2－1给出了五类地区的主要地理位置及太阳的总辐射量。其中一、二、三等是太阳能丰富的地区，面积占我国总面积的2/3以上。四、五类地区虽然太阳能资源条件较差，但仍有一定的利用价值。可见，我国的太阳能资源十分丰富。

表2－1　中国太阳能等级表

地区等级	全年日照小时	全年总辐射能量（兆焦/平方米）	包括的主要地区	备注
一等	2800～3300	6700～8370	宁夏北部、甘肃北部、新疆东南部、青海西部、西藏西部	太阳能资源最丰富地区
二等	3000～3200	5860～6700	河北西北部、山西北部、内蒙古南部、宁夏南部、甘肃中部、青海东部、西藏东南部和新疆南部等地	较丰富地区
三等	2200～3000	5020～5860	山东、河南、河北东南部、山西南部、新疆北部、吉林、辽宁、云南、陕西北部、甘肃东南部、广东南部、福建南部、苏北、皖北、台湾省西南部等地	中等地区
四等	1400～2200	4190～5020	湖南、湖北、广西、江西、浙江、福建北部、广东北部、陕南、苏北、皖南以及黑龙江、台湾省东北部等地	不足的地区
五等	1000～1400	3350～4190	四川、贵州两省	最差的地区

2. 广东省太阳能资源及其分布

广东发展太阳能具备优越的自然条件。广东位于北纬21°19′N～25°31′N和东经109°45′E～117°20′E之间，属亚热带季风气候，太阳高度角大，辐射量多，属于我国三类太阳能辐射地区，每平方米太阳辐射量最大可达1000瓦，全年日照在2200小时以上，太阳能资源储量较丰富。但是，广东境内有海岸带、平原、丘陵、山地等多种地形，复杂的地形使得不同地区之间太阳辐射差异明显。

下面是广东的太阳能资源在不同地理位置和时间的分布情况。

（1）广东省太阳总辐射的地区分布。

全省年总辐射在3758.8兆～5273兆焦/平方米·年之间，分布趋势为东部和沿海多，北部、西部和内陆少。东部地区年总辐射达4600兆～5270兆焦/平方米·年，西部和北部、西部和内陆年太阳总辐射为3758.8兆～3926.3兆焦/平方米·年。

（2）广东省太阳总辐射的年变化。

图2－2是韶关（粤北）、广州（粤中）、汕头（粤东）、徐闻（粤西南）太阳总辐射的年变化曲线。可以看出，全省各地太阳总辐射年变化趋势有单峰型和双峰型两种。

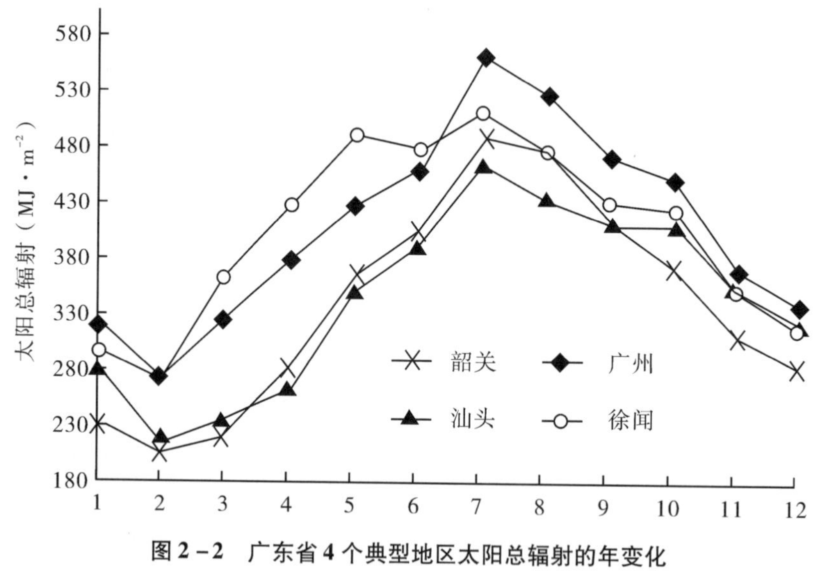

图2－2　广东省4个典型地区太阳总辐射的年变化

单峰型太阳总辐射以7月最大，2月最小，全省除雷州半岛的徐闻和雷州以外，其他地区都是这种类型。7月正处于夏季风最盛行时期，副热带高压稳定控制广东，多晴好天气，天文总辐射（到达大气层上方的太阳能）也仅次于6月份，因此，太阳总辐射最大。2月广东处于冬春转换季节，经常出现低温阴雨天气。统计资料表明，2月出现低温阴雨的概率粤北达50%～100%，粤中达30%～60%，粤东达20%～40%，粤西南也有10%～20%。因此，到达地面的太阳总辐射以2月最小。

双峰型变化除7月出现一次高值外，5月也有一个次高值，而6月为一个相对低值。这种类型主要出现在雷州半岛的徐闻和雷州，这和海口太阳总辐射的分布特征是一致的，主要是由于地处北回归线以南，太阳高度相对较低形成的。

（三）太阳能的利用形式

在踏入近现代文明以前，人类对太阳能的利用已有悠久历史。在古代，人们利用太阳能主要是利用太阳能来干燥、取暖和取光。例如我国有悠久历史的干燥稻谷和干果的制作；还有我国古代建筑中的“天井”的取光设计，等等都是简单利用太阳能的实例。

近300年，开始将太阳能作为一种能源和动力加以利用。1615—1900年间，世界上研制成多台太阳能动力装置和一些其他太阳能装置。这些动力装置几乎全部采用聚光方式采集阳光，发动机功率不大，工质主要是水蒸气，价格昂贵，大部分为太阳能爱好者个人研究制造，实用价值不大。自19世纪初期，人们对各种太阳能利用方式进行了广泛的探索，逐步明确了发展方向，初步得到一些成果。

20世纪50年代，太阳能利用领域出现了两项重大技术突破：一是1954年美国贝尔实验室研制出6%的实用型单晶硅电池；二是1955年以色列Tabor提出选择性吸收表面概念和理论并研制成功选择性太阳吸收涂层。这两项技术突破为太阳能利用进入现代发展时期奠定了技术基础。

目前，太阳能利用主要包括太阳能热利用和太阳能光利用。太阳能热利用即通过转换装置把太阳能转换成热能利用，其应用很广，如太阳能热水、利用太阳光的热量加热水、太阳能供暖和制冷、太阳能干燥农副产品、药材和木材、太阳能淡化海水、太阳能热动力发电等。太阳能光利用主要是太阳能光伏发电，即通过转换装置把太阳能转换成电能利用，由于通常是利用半导体器件的光伏效应进行发电，又称太阳能光伏技术。此外太阳能光利用还包括太阳能制氢等，尚处于研究阶段。

如今，包括太阳能热水和太阳灶等在内的太阳能热能直接利用，以及太阳能光伏发电等领域已进入实际应用阶段，很多公司已经开始着手利用太阳能，研发了太阳能热/开水器、太阳灶、太阳能烤箱等系列产品。下面按照技术的成熟程度和应用的市场推广程度，主要对太阳能热能直接利用技术、太阳能光伏发电技术和太阳能热发电技术进行介绍。为了表述方便，下文中太阳能热能直接利用技术简称太阳能热利用，不包括太阳能热发电。

二、太阳能直接热利用技术

（一）太阳能热水器技术

太阳能热水器由太阳集热器、保温水箱、支承架三大部件组成。按照流体流动的方式分类，可将太阳能热水器分成三大类：闷晒式、直流式和循环式（整体式），其中后两种最为常见。

直流式系统包括由平板集热器，储热水箱，补给水箱和连接管道组成的开放式热虹吸系统，补给冷水直接进入集热器。补给水箱的水位和集热器出口热水管的最高位置一致。在集热器出口设置有温度控制器，可控制出口水温。

整体式太阳能热水器的技术特点是集热器和储水箱为一体，高效适用，其核心集热元件是全玻璃真空集热管，一般由两根为同心圆的高硼硅特硬玻璃管组成，经过镀膜技术，玻璃管外壁镀上多层耐高温材料，可经受400℃的高温，同时该涂层对太阳光有选择性吸收，一般其吸收比≥0.92，发射率≤0.09（80℃）。全玻璃真空管抗冷热冲击，耐高压，可抗较大的意外冲击力，管内不易积垢；节能环保，无污染，有效保护环境；节约能源，日常使用费用极低；可全天候供应热水，供热水量大；可多台串联或并联使用，适用区域广；整体热水器结构简单，价格低廉，适合家用。

根据集热器的不同，目前在市场上占主导地位的太阳能热水器主要有平板型和真空管型两种。

太阳能集热器是太阳能热利用中的关键设备，是把太阳辐射能转换成热能的设备。太阳能集热器是一种特殊的热交换器，它吸收太阳辐射能量后温度升高，热量能很快传递给流体通道中的水等热交换工质，并通过保温措施减少热损失，使进去的能量大于表面散失的能量而提高温度。

太阳能集热器按是否聚光这一主要特征可以分为非聚光和聚光两大类。

平板集热器是非聚光类集热器中最简单且应用最广的集热器。它吸收太阳辐射的面积与采集太阳辐射的面积相等，能利用太阳的直射和漫射辐射。

为了更有效地利用太阳能，必须提高入射阳光的能量密度，使之聚焦在较小的集热面上，以获得较高的集热温度，并减少散热损失，这就是聚光集热器的特点。聚光集热器通常由三部分组成：聚光器、吸收器和跟踪系统。其工作原理是：自然阳光经聚光器聚焦到吸收器上，并加热吸收器内流动的集热介质；跟踪系统则根据太阳的方位随时调节聚光器的位置，以保证聚光器的开口面与入射太阳辐射总是互相垂直的。

集热器将吸收的太阳光能转化为热能，使集热器中的水不断加热。由于“热虹吸”作用，即冷水的比重较大，热水的比重较小，因而集热器中的热水自然不断地往上浮，进入水箱，水箱中的冷水自然不断地往下沉，进入集热器。周而复始，太阳热水器保温水箱中的水也就被加热了。

（二）太阳能制冷技术

由于太阳能属于低密度能源，太阳能制冷技术除了遵循常规能源驱动的制冷装置的原则外，还有其自身的特性。

太阳能制冷主要有两类：①直接以太阳热能作为驱动能源，包括吸收式制冷、吸附式制冷和喷射式制冷等；②首先将太阳能转化为机械能或电能，再进行制冷，包括压缩式制冷、光电制冷和热电制冷等。目前常见的太阳能制冷技术主要有太阳能吸收式制冷、喷射式制冷、吸附式制冷和压缩式制冷等。

1. 太阳能吸收式制冷

太阳能吸收式制冷主要由太阳能集热器和吸收式制冷机两大部件联合构成，它利用太阳集热器为吸收式制冷机提供其发生器所需要的热水进行制冷。

太阳能空调从太阳能系统和制冷热源温度的高低来分，可以分为 3 种类型：高温型（95℃ ~ 120℃）、中温型（88℃ ~ 95℃）和低温型（65℃ ~ 88℃）。

（1）从集热器方面看，高温型的太阳能空调系统需要聚光型太阳能集热器，造价高，但制冷系数高，效率好；中、低温型太阳能空调系统采用常规的太阳能集热器，造价低，制冷系数偏低，效率稍差些。

（2）从系统方面看，高温型如果采用水作为介质，系统处于受压状态，随之会产生一系列的问题，如压力容器问题和储热问题。中、低温型则不存在这些问题。

目前常见的太阳能吸收式制冷系统有 $H_2O-LiBr$ 吸收式制冷系统和 NH_3-H_2O 吸收式制冷系统。$H_2O-LiBr$ 吸收式制冷系统主要应用于大型空调系统，热源水的温度为 60℃ ~ 75℃，冷煤水温度为 6℃ ~ 9℃，制冷性能系数 COP 大于 0.4，制冷量达到 100 千瓦，可以满足 600 平方米面积的房间空调需求。NH_3-H_2O 吸收式制冷系统是一种老式系统，设备和工艺简单，容易实现风冷，缺点是系统复杂，性能系数低，热源温度要求高于 120℃，因此需采用聚光集热器，增加设备投资。

2. 太阳能喷射式制冷

太阳能喷射式制冷系统分为太阳能集热系统和喷射制冷循环系统两大部分，由太阳能集热器、发生器、循环泵、蒸汽喷射器、蒸发器、冷凝器及膨胀阀组成。循环泵是唯一运动的部件，结构简单，造价低廉，性能参数 COP 低是其主要缺点，COP 与吸收式制冷系统相当。

3. 太阳能吸附式制冷

太阳能吸附式制冷实际上是利用物质的物态变化来达到制冷的目的。太阳能吸附式制冷系统主要由太阳能吸附集热器、冷凝器、蒸发储液器、风机盘管、冷媒水泵等部分组成。太阳能吸附式制冷技术的原理包括：吸附和脱附两个过程。

（1）脱附过程。工作时，太阳能集热器对吸附床加热，制冷剂获得能量克服吸附剂的吸引力从吸附剂表面脱附，系统压力增加，制冷剂液化冷凝，最终制冷剂凝结在蒸发器中，脱附过程结束。在这个过程中，太阳能集热器供能，冷凝器放热。

（2）吸附过程。冷却系统对吸附床进行冷却，温度下降，吸附剂开始吸附制冷剂，管道内压力降低。蒸发器中的制冷剂因压力瞬间降低而蒸发吸热，达到制冷效果，制冷剂到达吸附床，吸附过程结束。在此过程中，蒸发器吸收冷媒水的热量，吸附床放热。

太阳能吸附式制冷系统的吸附剂—制冷剂组合可以有不同的选择，例如：沸石—水、活性炭—甲醇、硅胶—水等。这些物质均无毒、无害，也不会破坏大气臭氧层。

太阳能吸附集热器，既可采用平板型集热器，也可采用真空管集热器。通过对太阳能吸附集热器内进行埋管的设计，可利用辅助能源加热吸附床，以使制冷系统在合理的工况下工作；另外，若在太阳能吸附集热器的埋管内通冷却水，回收吸附床的显热和吸附热，以此改善吸附效果，还可为家庭或用户提供生活用热水。

蒸发储液器除了要求满足一般蒸发器的蒸发功能以外，还要求具有一定的储液功能，这可以通过采用常规的管壳蒸发器并采取增加壳容积的方法来达到此目的。

太阳能吸附式制冷系统结构简单，一次投资少，运行费用低，使用寿命长，无噪声，无环境污染，可用于存在振动、倾斜或旋转的场所。

4. 太阳能驱动压缩式制冷

太阳能驱动压缩式制冷实际上是用太阳能热机驱动普通制冷系统的压缩机和膨胀机。由于需要采用高温旋转抛物面聚光镜，技术要求较高，目前正处于研究开发之中。

（三）太阳能热泵技术

热泵的作用是从周围环境中吸取热量，并把它传递给被加热的对象（温度较高的物体，如房间），其工作原理与制冷机相同，所不同的只是工作温度范围不一样。

太阳能热泵一般是把热泵技术和太阳能热利用技术有机地结合起来，集热器吸收的热量作为热泵的低温热源，可同时提高太阳能集热器效率和热泵系统性能。在阴雨天，直膨式太阳能热泵转变为空气源热泵，非直膨式太阳能热泵作为加热系统的辅助热源。因此，太阳能热泵可全天候工作，提供热水或热量。

太阳能热泵具有以下几方面的技术特点：

（1）与传统供热系统存在的大面积、初期投资高的缺陷相比，太阳能热泵基于热泵的节能性和集热器的高效性，相同热负荷条件下，太阳能热泵所需的集热器面积和蓄热器容积等都要比常规系统小得多，使得系统结构更紧凑，布置更灵活。

（2）与传统的太阳能直接供热系统相比，太阳能热泵的最大优点是可以采用结构简易的集热器，集热成本非常低。

（3）与传统热泵相比，在良好的工作环境时，太阳能热泵具有更高的供热性能系数，而且供热性能受室外气温下降的影响更小，因此其应用范围更广泛，受当地自然环境的限制更少。同时，太阳能热泵也具有传统热泵“一机多用”的优点，冬季可供暖，夏季可制冷。

（4）直膨式太阳能热泵一般适用于小型供热系统，其特点是系统紧凑、集热效率和热泵性能高、适应性好、自动控制程度高等。非直膨式太阳能热泵系统具有形式多样、布置灵活、应用范围广等优点。

（四）太阳能供暖技术

太阳能供暖技术是直接利用太阳能采暖。可以分为主动式和被动式两大类。主动式是利用太阳能集热器和相应的蓄热装置作为热源来代替常规热水或热风采暖系统中的锅炉。被动式则是依靠建筑物结构本身充分利用太阳能来达到采暖的目的，因此它又称为被动式太阳房。

太阳房是直接利用太阳辐射能的重要技术。把房屋看作一个集热器，通过建筑设计把高效隔热材料、透光材料、储能材料等有机地集成在一起，使房屋尽可能多地吸收并保存太阳能，达到房屋采暖目的。

按照国际上惯用的名称，太阳房分为主动式太阳房和被动式太阳房两大类。

（1）主动式太阳房。

主动式太阳房一般由集热器、传热流体、蓄热器、控制系统及适当的辅助能源系统构成。它需要热交换器、水泵和风机等设备，电源也是不可缺少的。因此这种太阳房的造价较高。但是室温能主动控制，使用也很适宜。在一些经济发达的国家，已建造不少各种类型的主动式太阳房。

（2）被动式太阳房。

被动式太阳房主要根据当地气候条件，把房屋建造得尽量利用太阳的直接辐射能，它不需要安装复杂的太阳能集热器，更不用循环动力设备，完全依靠建筑结构造成的吸热、隔热、保温、通风等特性，来达到冬暖夏凉的目的。因此，相对而言，被动靠天，亦即人为的主动调节性差。在冬季遇上连续坏天气时，可能要采用一些辅助能源补助。正常情况下，早、中、晚室内气温差别也很大。但是，对于要求不高的用户，特别是原无采暖条件的农村地区，由于它简易可行，造价不高，人们仍然欢迎。中国从 20 世纪 70 年代末开始，这种太阳房的研究示范，已有较大规模的推广，北京、天津、河北、内蒙古、辽宁、甘肃、青海和西藏等地，均先后建起了一批被动式太阳房，各种标准设计日益完善，并开展了国际交流与合作，受到联合国太阳能专家的好评。

被动式太阳房的类型种类很多，如果从利用太阳能的方式来划分，大致有如下几种类型：①直接受益式，这是让太阳光通过透光材料直接进入室内的采暖形式，是太阳能采暖中和普通房差别最小的一种。冬天阳光通过较大面积的南向玻璃窗，直接照射到室内的地面、墙壁和家具上面，使其吸收大部分热量，因而温度升高，少部分阳光被反射到室内的其他墙面，再次进行阳光的吸收、反射作用。被墙面内表面吸收的太阳能，一部分以辐射和对流的方式在室内空间传递，一部分导入蓄热体内，然后逐渐释放出热量，使房间在晚上和阴天也能保持一定的温度。②集热墙式，这种太阳房主要是利用南向垂直集热墙，吸收穿过玻璃采光面的阳光，然后通过传导、辐射及对流，把热量送到室内。墙的外表面一般被涂成黑色或某种暗色，以便有效地吸收阳光。③附加阳光间式，这种太阳房是直接受益式和集热墙式的混合产物。其基本结构是将阳光间附建在房子南侧，中间用一堵带门、窗或通风孔的墙把房子与阳光间隔开。实际上在一天的所有时间里，附加阳光间内的温度都比室外温度高，因此，阳光间既可以供给房间以太阳热能，又可以作为一个缓冲区，减少房间的热损失，使建筑物与阳光间相邻的部分获得一个温和的环境。由于阳光间直接得到太阳的照射和加热，所以它本身就起着直接受益系统的作用。白天当阳光间内空气温度大于相邻的房间温度时，开门或窗或墙上的通风孔将阳光间的热量通过对流传入相邻的房间，其余时间关闭。把由两个或两个以上被动式基本类型组合而成的系统称为组合式系统。不同的采暖方式结合使用，就可以形成互为补充的、更为有效的被动式太阳能采暖系统。直接受益窗和集热墙两种形式结合而成的组合式太阳房，可同时具有白天自然照明和全天太阳能供热比较均匀的优点。

总之，主动式太阳房的一次性投资大、设备利用率低，维修管理工作量大，而且仍然要耗费一定量的常规能源。因此，对于居住建筑和中小型公用建筑来说，主要采用的是被动式太阳房。被动式太阳房是通过建筑朝向和周围环境的合理布置，内部空间和外部形体的巧妙处理，以及建筑材料和结构、构造的恰当选择，在冬季集热、保持、贮存、分布太阳热能，从而解决建筑物的采暖问题。

太阳房的概念与建筑结合形成了“太阳能建筑”技术领域，成为太阳能界和建筑界共同关心的热点。太阳房可以节约75% ~90%的能耗，并具有良好的环境效益和经济效益，成为各国太阳能利用技术的重要方面。欧洲在太阳房技术和应用方面处于领先地位，特别是在玻璃涂层、窗技术、透明隔热材料等方面居世界领先地位。

（五）其他太阳能热利用技术

1. 太阳能干燥

太阳能干燥，就是利用太阳能干燥设备，对工业及农副产品进行干燥。太阳能干燥就是使被干燥的物料，或者直接吸收太阳能并将它转换为热能，或者通过太阳集热器所加热的空气进行对流换热而获得热能，继而再经过以上描述的物料表面与物料内部之间的传热、传质过程，使物料中的水分逐步汽化并扩散到空气中去，最终达到干燥的目的。

太阳能干燥不但可以节约燃料，有效地提高干燥的温度、缩短了干燥时间，而且由于采用了专门的干燥室，解决了干燥物品被污染等问题，干净卫生，必要时还可采用杀虫灭菌措施，既可提高产品质量，又可延长产品贮存时间。

太阳能干燥器的形式很多，有不同的分类方法。按物料接受太阳能的方式进行分类，太阳能干燥器可分为两大类：①直接受热式太阳能干燥器。被干燥物料直接吸收太阳能，并由物料自身将太阳能转换为热能的干燥器。通常称为辐射式太阳能干燥器。②间接受热式太阳能干燥器。首先利用太阳集热器加热空气，再通过热空气与物料的对流换热而使被干燥物料获得热能的干燥器。通常亦称为对流式太阳能干燥器。

按空气流动的动力类型进行分类，太阳能干燥器也可分为两大类：①主动式太阳能干燥器，需要由外加动力（风机）驱动运行的太阳能干燥器。②被动式太阳能干燥器，不需要由外加动力（风机）驱动运行的太阳能干燥器。

按干燥器的结构形式及运行方式进行分类，太阳能干燥器有以下几种形式：温室型干燥器，集热器型干燥器，集热器—温室型干燥器，整体式太阳能干燥器等。

2. 太阳能海水淡化

地球上的水资源中，海水占97%，随着人口增加，工业发展，使得城市用水日趋紧张，海水淡化越来越受重视。世界上第一座太阳能海水蒸馏器是由瑞典工程师威尔逊设计，1872 年在北智利建立的，面积为 44504 平方米，日产淡水 17.7 吨。

目前利用太阳能进行海水淡化主要是利用太阳能进行蒸馏，所以太阳能海水淡化装置一般都称为太阳能蒸馏器。太阳能蒸馏器的运行原理是利用太阳能产生热能驱动海水发生相变过程，即产生蒸发与冷凝。运行方式一般可分为直接法和间接法两大类。顾名思义，直接法系统直接利用太阳能在集热器中进行蒸馏，而间接法系统的太阳能集热器与海水蒸馏部分是分离的。

太阳能海水淡化装置可独立运行，不受蒸汽、电力等条件限制，无污染、低能耗，运行安全稳定可靠，不消耗石油、天然气、煤炭等常规能源，对能源紧缺、环保要求高的地区有很大应用价值；其次是生产规模可有机组合，适应性好，投资相对较少，产水成本低，具备淡水供应市场的竞争力。

3. 太阳灶

太阳灶是利用太阳能辐射，通过聚光获取热量，进行炊事烹饪食物的一种装置。太阳灶可分为箱式太阳灶、平板式太阳灶、聚光太阳灶和室内太阳灶及储能太阳灶。前三种太阳灶均在阳光下进行炊事操作。它不烧任何燃料，没有任何污染，正常使用时比蜂窝煤炉还要快，和煤气灶速度一致。

（六）太阳能直接热利用技术现状及应用前景

1. 太阳能热利用现状

太阳能热利用是新能源技术领域商业化程度最高、推广应用最普遍的技术之一。图2-3、图2-4表示2000—2009年我国太阳能热利用产品年产量保有量。可见，太阳能热利用产业尤其是太阳能热水器和太阳灶持续快速增长。

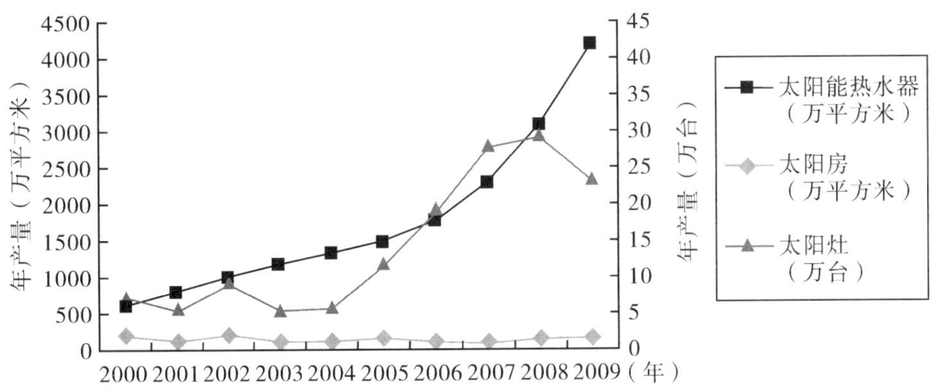

图2-3 2000—2009年太阳能热利用产品年产量

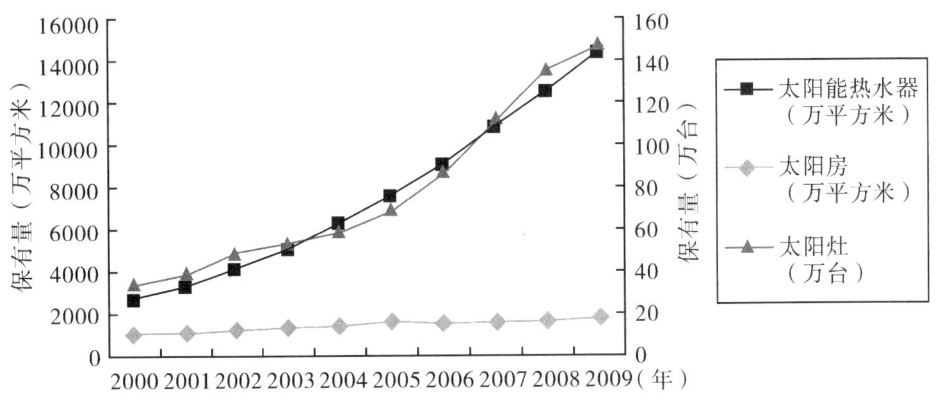

图2-4 2000—2009年太阳能热利用产品保有量

太阳能热利用目前最广泛应用的是太阳能热水器，主要用于提供生活洗浴热水。

1978 年，中国引进全玻璃真空集热管的样管，并诞生了第一台太阳能热水器。80 年代后期，我国开始研制高性能的真空管集热器。1987 年，中国制造了第一支全玻璃真空集热管。

经过 20 多年的努力，中国企业不断致力于攻克太阳能热水器技术难题，包括核心技术，如集热技术、保温技术、高能效技术、杀菌技术等，以及外观形象如太阳能与建筑一体化技术等世界性的难题，建立了拥有自主知识产权的现代化全玻璃真空集热管产业，产品质量达到世界先进水平。太阳能热水器得到了快速发展和推广应用。

中国太阳能热水器利用居世界首位，热水器保有量一直以来都占据世界总保有量的一半以上。2009 年，我国太阳能热水器年产量突破 4000 万平方米，保有量达到 1.45 亿平方米，目前我国已成为世界上最大的太阳能热水器生产国和使用国，太阳能光热产业也成为我国唯一一个拥有自主知识产权的新能源产业。

此外，太阳能制冷空调应用还处在示范阶段，其商业化程度远不如热水器那样高，主要问题是成本高。但对于缺电和无电地区，同建筑结合起来考虑，市场潜力还是很大的。

太阳能热泵目前主要应用在公共建筑物上。2009 年，西部第一套太阳能热泵中央热水系统在西安一民楼上建成。该系统由 368 平方米的太阳能集热器和一个热泵组成，充分利用太阳能集热和热泵技术，通过优化控制，使其最大限度地利用太阳能来供应热水。目前国内制造企业进入太阳能低温热泵领域不多，通过与国外合作及自主开发的多种方式，这个队伍正在不断壮大，已经有少量产品问世。

2. 广东太阳能热利用现状

广东省是全国最早几个积极研究、推广使用太阳能热水器的省份之一，近几年发展很快，广州、深圳、三水、惠州等城市建立了一批应用太阳能热水系统的大型公共建筑，如学校、宾馆、工厂、医院等。同时，居住建筑安装使用太阳能热水器日益增多，如三水、深圳等城市不少居民已逐步安装使用太阳能热水器，主要安装在屋面，应用的产品主要是平板式太阳能热水器。

据不完全统计，2006 年，广东省光热产品实际总产量为 109.3 万平方米，其中热水器系统约占73%；太阳能热水器保有量估计为300万平方米，按每平方米供2人使用计算，全省大约有7%的人使用太阳能热水。2006年的工业总产值为61993.47万元，工业销售产值为59469.84万元，分别比上年增加了6675.16万元和8899.77万元。

3. 太阳能热利用技术应用前景

“十二五”发展规划中，首次明确提出将在未来5年内，中央政府直接投资4万亿元用于新能源、节能环保技术等9大行业的发展。作为同时横跨“新能源”和“节能环保”两大产业的太阳能热利用，已成为各级政府和产业政策中的焦点。

今后的5～10年，太阳能热利用的发展将会在太阳能热水器、太阳能光热发电、太阳能建筑、太阳能空调、太阳能灶、太阳能海水淡化、太阳能干燥等涉及生活生产的各领域全面展开。随着技术的发展成熟，商业化的成本随之大幅度降低，人们追求低碳高质量生活的理念将在太阳能光热领域全面展示。

未来发展趋势：

（1）热水器仍然是热利用的最大市场。

目前太阳能热水器商业化程度最高，许多国家都得到了较普遍的应用。太阳能热水器以其节能、环保的性能，受到广大用户的青睐，随着国民经济和人民生活水平的不断提高，居民对家庭室内热水的需求越来越强烈，在技术上实现光热利用系统的微型化，兼容性和智能化是未来本领域发展的必然趋势。此外，国家能源局将继续推广利用太阳能热水器，到2015年中国太阳能热利用面积将达到4亿平方米。

（2）太阳能空调及太阳能建筑前景广阔。

建筑能耗占总能耗的1/3，其中空调和供热的能耗占有相当大的比例，是太阳能热利用的重要市场。太阳能建筑不仅要求有高性能的太阳能部件，同时要求高效的功能材料和专用部件，如隔热材料、透光材料、储能材料、智能窗（变色玻璃）、透明隔热材料等。因此，太阳能建筑的发展要求建筑师和太阳能专家互相密切合作，在概念上、技术上相互融合、渗透、集成一体，形成新的建筑概念和设计。目前太阳能建筑集成已成为国际上新的技术领域，有无限广阔的发展前景。

三、太阳能光伏发电技术

（一）太阳能光伏发电技术简介

1. 太阳能电池

太阳能光伏发电的基本原理就是“光生伏特效应”，简称“光伏效应”，就是当物体受到光照时，物体内的电荷分布状态发生变化而产生电动势（即电压）和电流的一种效应。

太阳能电池，通常也称为光伏电池，是完成光伏发电的关键。常用太阳能电池按其材料可以分为：晶体硅电池、硫化镉电池、硫化锑电池、砷化镓电池、非晶硅电池、硒铟铜电池等。目前主要的太阳能电池是晶体硅太阳能电池，用的硅是“提纯硅”，一般其纯度达到“9 个 9”，即 0.999999999，比半导体硅即芯片硅只少“两个 9”；又因为提纯硅结晶后里面的成分结构不同，分为多晶硅和单晶硅。目前，单晶硅太阳能电池的光电转换率为 15% 左右，最高可达到 24%；多晶硅太阳能电池的转换率为 12% 左右，但价格相对便宜。太阳能电池使用寿命一般可达 15 年，最高达 25 年。

太阳能电池重量轻，单位质量输出功率大，既可做小型电源，又可组合成大型电站。简单的光伏电池可为手表及计算机提供能源，较复杂的光伏系统可为房屋照明，并为电网供电。光伏电池组件可以制成不同形状，而组件又可连接，以产生更多电力。目前其应用已从航天领域走向各行各业、千家万户，太阳能汽车、太阳能游艇、太阳能自行车、太阳能飞机都相继问世。

2. 太阳能光伏发电系统

太阳能光伏系统由太阳能电池方阵、蓄电池组、充放电控制器、逆变器、交流配电柜、自动太阳能组件除尘系统等设备组成。

太阳能光伏发电适合于作为独立电源使用，也可以同其他发电系统组成混合供电系统，如风电—光电混合系统、风电—光电—柴油发电混合系统等，最有发展前景的是太阳能光伏发电系统与电网相连，构成联网发电系统。联网发电系统将太阳能电池发出的直流电通过并网逆变器输入电网，分为被动式联网发电系统和主动式联网发电系统。被动式联网发电系统不带储能系统，输入电网的电力完全取决于日照的情况，不可调度；主动式联网发电系统带有储能系统，可根据需要将光伏发电系统随时并入或退出电网。

3. 太阳能光伏发电的特点

与常用的火力发电系统相比，光伏发电的优点主要体现在：

（1）取之不尽，用之不竭，随处可得，运行成本很低。只要在全球4%的沙漠安装太阳能光伏电池发电就可以满足全球需要；光伏发电无须燃料，不受能源危机和燃料市场不稳定的冲击，不受传统化石能源资源分布地域的限制，且可利用建筑屋面的优势，不必远距离运输，避免远距离输电线路的损耗，运行成本很低。

（2）太阳能电池无活动部件，使用安全可靠，无噪声，无污染排放。

（3）建设周期短，获取能源花费的时间短，且没有运动部件，不易损坏，维护简单；操作方便灵活，可以根据负荷的增减，任意添加或减少太阳能方阵，避免浪费。

光伏发电的缺点：

（1）地面应用存在时间上的不稳定性，获得的能源同季节有关，且在晚上或阴雨天不能或很少发电。

（2）能量密度低，每平方米太阳强度一般少于1000瓦，要占用巨大面积。

（3）目前价格较高，产生的电力存在储能问题，如果接入电网需要增加无功补偿设备。

（二）太阳能光伏发电现状

1. 我国太阳能光伏发电现状

中国光伏发电产业起步于20世纪70年代，90年代中期进入稳步发展时期。太阳能电池及组件产量逐年稳步增加。经过30多年的努力，我国光伏发电产业迅猛发展，已经形成了比较完整的太阳能光伏产业链。2007年，中国太阳能产业规模已位居世界第一，是全球重要的太阳能光伏电池生产国。

2009年，全世界太阳能电池生产量约10吉瓦，安装量约为6.6吉瓦。而我国2009年太阳能电池生产量约4吉瓦，占世界40%，安装量150～160兆瓦，国内的安装量累计约300兆瓦，提前1年完成了国家中长期发展规划，2010年累计安装300兆瓦的目标。2010年西部6省28万千瓦光伏发电项目招标，推动了中国太阳能光伏发电市场发展。

国内太阳能电池制造业具有两个鲜明特点。

一是高速发展。全球占有率由2003年的1%飙升至2009年的40%，涌现出尚德、英利、天合光能等电池制造商。到2007年年底，从事太阳能电池生产的企业达到50余家，已初步建立起从原材料生产到光伏系统建设等多个环节组成的完整产业链，为我国光伏发电的规模化发展奠定了基础。

二是过于依赖国外市场。2009年，国内太阳能光伏电池95%的产能出口，其中欧洲是最重要的市场，其中，德国、西班牙、意大利和捷克的出口最多，新增装机容量超过420万千瓦，占全球60%以上。

中国太阳能光伏产业快速发展中有隐忧，其面临的主要问题是发电转化效率较低，发电成本较高。

2. 广东太阳能光伏发电现状

广东省的光伏产业特别是太阳能灯具、太阳能电池组件封装、光伏系统的周边产品等较为发达。2005—2006年广东省光伏产品总产量由11.33万千瓦增加到15.03万千瓦，其中，光伏组件就增加了2.001万千瓦；2005年光伏实际发电量为3157.98万千瓦时，2006年估计为4828.84万千瓦时，计划2007年达到10293.71万千瓦时；工业总产值由2005年的51158.91万元提高到2006年的62900.65万元；2006年工业销售产值为60130.32万元，比上年增加了14113.05万元。

目前，广东光伏相比国内其他光伏发展重点省是处于落后地位的，但广东的太阳能电池组件企业、应用产品发展已形成规模且具备优势。例如，深圳是省内光伏企业最多、产业集群分布最密集且效应最好的城市，2009年深圳光伏产业实现产值约45亿元（其中包括光伏相关配套企业），电池产能达到200兆瓦，产量超过50兆瓦，组件产能超过500兆瓦，产量超过250兆瓦。太阳能光伏产业是广东重点发展的新能源产业，若发展得当，广东光伏将有望成为率先突破的先行区。

（三）太阳能光伏发电技术应用前景

2010年9月18日，全球最大的战略管理咨询公司——罗兰·贝格管理咨询公司在江苏无锡发布2010—2011年全球及中国新能源产业发展报告，涉及光伏等新能源行业。该报告称，至2012年，全球光伏市场产能每年将增长35%，总体规模可达到19吉瓦。其中，欧洲将是光伏行业的主要应用市场，预计将占全球50%的市场份额，中国、美国、印度三者紧随其后，发展潜力巨大。

未来太阳能光伏发电存在如下趋势：

1. 薄膜电池技术将获得突破，太阳电池组件成本将大幅度降低

光伏发电降低成本可通过扩大规模、提高自动化程度和技术水平、提高电池效率等技术途径来实现。考虑到薄膜电池技术可能有重大突破，其降低成本的潜力更大。因此太阳能电池组件成本大幅度降低是必然的趋势。

薄膜电池与常规电池相比具有以下优点和特点：电池活性材料厚度从微米到几十个微米，是常规电池的1/10～1/100，可节约大量材料；可直接沉积出薄膜，没有切片损失；可采用集成技术在电池形成过程中同时集成为组件，省去组件制作过程；可采用多层技术，降低对材料品质要求等。世界许多国家都在大力研究开发薄膜电池，薄膜电池技术将获得重大突破，规模会向百兆瓦级以上发展，成本会大幅度降低。

目前光伏发电系统安装成本每年以9%速率降低。1996年平均安装成本约7美元/峰瓦，预计到2020年世界太阳能发电产业规模累计安装将达到55吉瓦，产值将达到1500亿美元。届时世界光伏组件价格将低于每瓦1美元，安装成本在1.5美元以下，发电成本每度电3～6美分，实现光伏发电与常规发电相竞争，从而成为可替代能源的目标。

2. 光伏产业向百兆瓦级规模和更高技术水平发展

光伏组件的生产规模向百兆瓦级甚至更大规模发展，同时自动化程度、技术水平也将大大提高，电池效率将由现在的水平（单晶硅13%～15%，多晶硅11%～13%）向更高水平（单晶硅18%～20%，多晶硅16%～18%）发展。

3. 太阳能光伏建筑集成快速发展

建筑光伏集成具有高技术、无污染和自供电的特点。建筑物的外壳能为光伏系统提供足够的面积，不需要占用昂贵的土地，省去光伏系统的支撑结构，省去输电费用，常规外墙包覆装修成本与光伏组件成本相当，光伏阵列可以代替常规建筑材料，从而节省安装和材料费用；光伏系统的安装可集成到建筑施工过程，成本又可大大降低；在用电地点发电，避免5%～10%的传输和分电损失，降低了电力传输和电力分配的投资和维修成本。建筑物自身能耗占总能耗的1/3，是未来太阳能光伏发电的最大市场。光伏系统和建筑结合将根本改变太阳能光伏发电在世界能源结构中的从属地位。

4. 光伏产业继续高速增长，21 世纪前半期光伏发电将达世界总发电量的 10% ~20%

多年来光伏产业一直是世界增长速度最高和最稳定的领域之一。据悉，2011 年国家能源局将继续在西部地区开展光伏电站项目特许权招标，总规模在 50 万千瓦左右，稳步启动国内太阳能发电市场。在太阳能资源丰富、具有荒漠和荒芜土地资源的地区，建设一批大型并网光伏示范电站；在城镇推广与建筑结合的分布式并网光伏发电系统；在偏远、无电地区推广户用光伏发电系统或建设小型光伏电站。

我国将加大对太阳能发电技术研发的支持。建设国际级太阳能研发试验中心，增加财政和企业的研发投入。密切跟踪国外太阳能技术发展的最新动态，加强国内外技术交流与合作。加快光伏发电产业科技创新和进步，把它培养成为先进的装备制造产业和新兴能源支柱产业。

四、太阳能热发电技术

（一）太阳能热发电技术简介

太阳能热发电分为两种类型：①太阳能热动力发电。利用集热器将太阳能聚集起来，加热水或其他介质，产生蒸汽或热气流，推动涡轮发电机发电。②利用将热电直接转换为电能的装置把聚集的太阳能直接发电，如温差发电和磁流体发电等。目前太阳能热发电技术主要指的是前一种。

太阳热能发电系统，也称太阳能聚光发电系统，是利用太阳辐射聚光装置（集热器，聚光接收器，也称“太阳能锅炉”），把搜集到的太阳辐射能，输送到接收器加热工作介质（通常是水）产生热蒸汽，驱动汽轮机发电。太阳热能发电系统包括集热系统、热传输系统、蓄热与热交换系统和汽轮机发电系统。

（二）太阳能热发电系统

根据太阳能热动力发电系统中所采用的集热系统中的聚光接收器的不同形式，该系统可以分为集中型和分散型两大类。

1. 集中型发电系统

集中型太阳能热发电系统有塔式太阳能热发电系统和太阳能烟囱发电系统。

（1）塔式太阳能热发电系统。

其基本形式是利用独立跟踪太阳的反射镜群，将阳光反射到位于场地中心附近的高塔顶端的接收器上，用以产生高温，加热工质产生过热蒸汽或高温气体，驱动汽轮机发电机组或燃气轮机发电机组发电，从而将太阳能转换为电能。由于聚光倍数高达 1000 以上，介质温度多高于 350℃，总效率在 15% 以上，属于高温热发电。其参数可与火电厂的相同，因而技术条件成熟，设备选购方便。但是，每块镜面都随太阳运动而独立调节方位及朝向，所需要的跟踪定位机构代价高昂，限制了它在发展中国家的推广应用。目前塔式发电的利用规模可达 10～20 兆瓦，处于示范工程建设阶段。

为了降低塔式太阳能热动力系统的投资，发展了一种太阳坑发电技术。它是在地面挖一个球形大坑，坑壁贴上许多小反射镜，使大坑成为一个巨大的凹面半球镜，将太阳能聚焦到接收器，以获得高温蒸汽。

（2）太阳能烟囱发电系统。

太阳能烟囱发电系统由太阳能集热棚、太阳能烟囱和涡轮发电机三个部分组成。太阳能集热棚建在一大片太阳辐射强、绝热性能好的圆形土地上，圆中心建一高大的烟囱，烟囱底部装有风力透平机。透明玻璃盖板下被太阳加热的空气通过烟囱被抽走，驱动风力透平机发电。

太阳能烟囱发电具有如下优点：①设备简单，运行费用低。太阳能烟囱发电设备简单，只需太阳能集热棚、太阳能烟囱和涡轮发电机组。太阳能烟囱发电的效率，随着集热棚面积的增加和烟囱高度的增加而提高，所以为了达到更好的效率和经济性，必须修建大规模的电站。一旦电站建成，这种电站将运行很长时间。烟囱本身将用 100 年或更长的时间。由于运动部件很少，所以这种电站的维修费用很低。作为主要运动组件的涡轮发电机组，将安装在稳定的空气流中，比安装在工况恶劣的阵阵狂风中的风力涡轮机所承受的应力小得多。发电站维修简单，保证电站的正常运行。②适合建设在人口稀少的沙漠地区。我国是太阳能资源最丰富的国家之一，西藏、青海、新疆、甘肃、宁夏、内蒙古等地区的太阳总辐射量和日照时数为全国最高，是太阳能资源丰富的地区。这些地区人口稀少，而且荒漠面积较大，适于建造太阳能烟囱电站。③不产生有害物，具有良好的环境效应。研究表明，太阳能烟囱发电站在运行过程中既没有 SO_2 等有害气体排出，也没有温室气体 CO_2 的排出，还没有固体废弃物的排出，不影响生态环境。

2. 分散型发电系统

分散型发电系统是将抛物面聚光器配置成很多组，然后把这些集热器串联和并联起来，以满足所需的供热温度。分散型发电系统主要有两种形式：槽式太阳能热发电系统和碟式太阳能热发电系统。

（1）槽式太阳能热发电系统。

槽式线聚焦发电系统特点是聚光集热器由许多分散布置的槽形抛物面镜聚光集热器串联、并联组成。其中，槽形抛物面镜集热器是一种线聚焦集热器，其聚光比塔式系统低得多，吸收器的散热面积也较大，因而集热器所能达到的介质工作温度一般不超过 400℃，属于中温系统。这种系统容量可大可小，不像塔式系统只能是大容量才有较好的经济效益，其集热器等装置都布置于地面上，安装和维护比较方便，特别是各种聚光集热器可以同步跟踪，使控制成本大为降低。主要缺点是能量集中过程依赖于管道和泵，致使输热管路比塔式系统复杂，输热损失和阻力损失也较大。槽形抛物面太阳能发电站的功率为 10～100 兆瓦，是目前所有太阳热发电站中功率最大的。

（2）碟式太阳能热发电系统。

碟式太阳能热发电技术是太阳能热发电中光电转换效率最高的一种方式，它通过旋转抛物面碟形聚光器将太阳辐射聚集到接收器中，接收器将能量吸收后传递到热电转换系统，从而实现了太阳能到电能的转换。我国这方面的研究仍处于起步阶段，许多关键技术需要攻克。由于碟式太阳能热发电系统聚光比可达到 3000 以上，一方面使得接收器的吸热面积可以很小，从而达到较小的能量损失，另一方面可使接收器的接收温度达 800℃以上。因此，碟式太阳能热发电的效率非常高，最高光电转换效率可达 29.4%。碟式太阳能热发电系统单机容量较小，一般在 5～50 千瓦 之间，适合建立分布式能源系统，特别是在农村或一些偏远地区，具有更强的适应性。

上述几种太阳能热发电系统在技术水平方面，槽式技术占主流，但其他技术形式也在并行发展。在已安装的电站中，槽式技术占比约 94.6%，塔式约 4.4%，碟式约 0.8%。

太阳能热发电需考虑太阳能的间隔性，为保证正常供电和发电系统连续运转，一般有三种方法：①配置蓄电装置，如蓄电池，把多余的电能储存起来以供不足时使用。②在集热器与热机之间设置储热装置，把电负荷较低时多余的热能储存起来，以便在用电高峰时用于发电。③把太阳能热发电系统和电网并联，即所谓的太阳能联网发电技术。

3. 太阳能集热吸收器

太阳能集热吸收器是太阳能热发电中的关键设备，它吸收太阳辐射热能而抑制热量向外扩散，其作用相当于火力发电站中的锅炉。用于太阳能热发电的集热吸收器主要有真空管吸收器和腔体式吸收器。

（1）真空管吸收器。

真空管吸收器，一般为一个置于同心玻璃管内的金属圆管，其外表面镀上选择性涂层，夹层抽真空以减少对流热损失。在太阳能热发电中，真空管吸收器主要与抛物镜相配。

真空管吸收器的优点是对流热损失小，玻璃管透明，可减少对阳光的遮影；选择性涂层对太阳光的吸收率很高，但发射率很低。缺点是，玻璃管与金属管之间存在温差，在中温发电（约 350℃）时真空封口处的玻璃容易脆裂，而且选择性涂层容易老化脱落。

（2）腔体式吸收器。

腔体式吸收器的结构为一个柱形腔体，外表面覆盖隔热材料，通过腔体的黑体效应充分吸收聚焦后的阳光。

腔体式吸收器的优点是腔体壁面温度比较均匀，可以减小与工作流体之间的温差，使入口的温度降低，从而减小热损失。腔体式吸收器性能比较稳定，制造工艺简单，只需采用传统的材料，成本低，维护方便，其集热效率大于真空管吸收器，可作为槽形抛物镜集热器的吸收器。

（三）太阳能热发电技术应用前景

太阳能热发电技术是一项极具发展潜力和广阔市场前景的绿色电力技术。作为一种新能源应用技术，它的发展应该积极结合多种发电或产能技术。目前最有可能推广的联合发电技术是：

1. 光伏光热组合式太阳能发电

将入射太阳光按光谱分开，这样就可以同时利用太阳能的高温部分和光伏吸收器进行吸收，达到产电的优化。目前对分光技术已有研究，如可以将双曲形塔式反射器用于分光，其机理类似于用两个不同的热机来优化热效率。以色列等国正积极推进此研究，以期对太阳能进行热和光伏的组合式利用，系统的总效率可达 30% ~40%，而部分波长区的效率更高，例如单晶硅可以以

55%～60%的效率在600～900纳米的光谱范围进行光电转换，所聚集的其余的热则可用于热发电。

2. 热电联产与规模化

热电联产并不是新概念，但与太阳能相结合，实现热电冷三联供则在我国具有很大的发展潜力。要推广此项技术就要提高联产系统的紧凑性、成本效益，并减少噪声。

太阳能热发电具有非常强的与现有火电站及电网系统的相容性优势，生产过程中负面影响很小，年均发电效率比光伏发电高，实现大规模运行的成本较低。未来太阳能大规模的热发电主要在辽阔的贫瘠或荒漠化土地上并网发电。在我国西藏西部、新疆东南部、青海西部及甘肃西部等地区，太阳能年辐射总量可达每平方米1855～2333千瓦时，满足建造具有经济性的规模化太阳能热发电站所对应的辐射资源要求。

太阳能热发电技术同其他太阳能技术一样，在不断完善和发展，但其商业化程度还未达到热水器和光伏发电的水平。美国和欧洲等工业发达国家正处在太阳能热发电商业化前夕，政府和工业界联合积极推动商业化进程，预计2020年前，太阳能热发电将在发达国家实现商业化，并逐步向发展中国家扩展。

第三章 风 能

一、基础知识

（一）风能的概念

风能就是流动空气具有的动能，是因空气流做功而提供给人类的一种可利用的能量。风是地球上的一种自然现象，风的形成乃是空气流动的结果，太阳光从上而下照射大气层，使之升温。又由于地球的自转和公转，地面附近各处受热不均，大气温差发生变化，引起空气流动，空气在水平方向上的流动就形成了风。由于风有一定的质量和速度，因此它具有能量。风能的大小决定于风速和空气的密度。

风能蕴藏量大，分布广，不枯竭，可再生，无污染，是一种可就地利用而且干净的能源。风能为太阳能的一种形式，只要太阳不灭，它就取之不尽，用之不竭。估计全世界可利用的风能约为 10 亿千瓦，比水力资源多 10 多倍。仅陆地上的风能就相当于目前全部火力发电量的一半。此外，风力发电投资少，建成后使用廉价，环保无污染，对人们的生存环境十分有利。

对于风能的利用受地理环境、季节、昼夜等因素的影响，还是存在一些限制和弊端：①风速不稳定，产生的能量大小不稳定。②风能利用受地理位置限制严重。③风能的转换效率低。④风能是新型能源，相应的使用设备也不是很成熟。因此，风能的利用需要综合运用高新技术，就学科而言，它涉及空气动力学、电机学、结构力学、材料学、气象学和控制论等学科。

（二）风能资源及其分布

自然界中风能资源是丰富的。在风能利用中，风速及风向是两个重要因素。地球上某一地区风能资源的潜力以及该地区的风能密度可利用小时数来表示。

从全球来看，西北欧西岸、非洲中部、阿留申群岛、美国西部沿海、南亚、东南亚、我国西北内陆和沿海等地区，风能资源比较丰富。但是，由于风的流动性大，风速时空变化复杂，特别是在地势起伏较大的地区，有可能出现局部的风能不均匀分布，一些地方风能很丰富，个别地方风能却很匮乏。

中国位于亚欧大陆的东部，濒临世界最大的大洋——太平洋，强烈的海陆差异，在我国形成世界上最大的季风区，加上辽阔的国土面积，复杂的地形，风能资源量大面广。根据中国气象科学研究院的初步研究成果，全国平均风功率密度为每平方米 100 瓦，陆地上离地 10 米高度内风能资源总储量约 3.26 亿千瓦，其中，技术可开发风能储量有 2.53 亿千瓦。按照同样的条件对沿海水深 3 ~ 30 米的海域估算，海上风能储量有 7.50 亿千瓦，共计约 10.00 亿千瓦。

据气象部门多年观测资料，我国风能资源的分布可划分为风能丰富区、较丰富区、可利用区和贫乏区等四类区域（图 3 – 1），四类区域划分的主要指标见表 3 – 1。

表 3 – 1　风能资源分布区情况表

指标	丰富区	较丰富区	可利用区	贫乏区
年有效风能密度（瓦/平方米）	>200	150 ~ 200	<50 ~ 150	<50
风速超过 3 米/秒累计小时数	>2200	1500 ~ 2200	<350 ~ 1500	<350
占总面积百分比	8	18	50	24

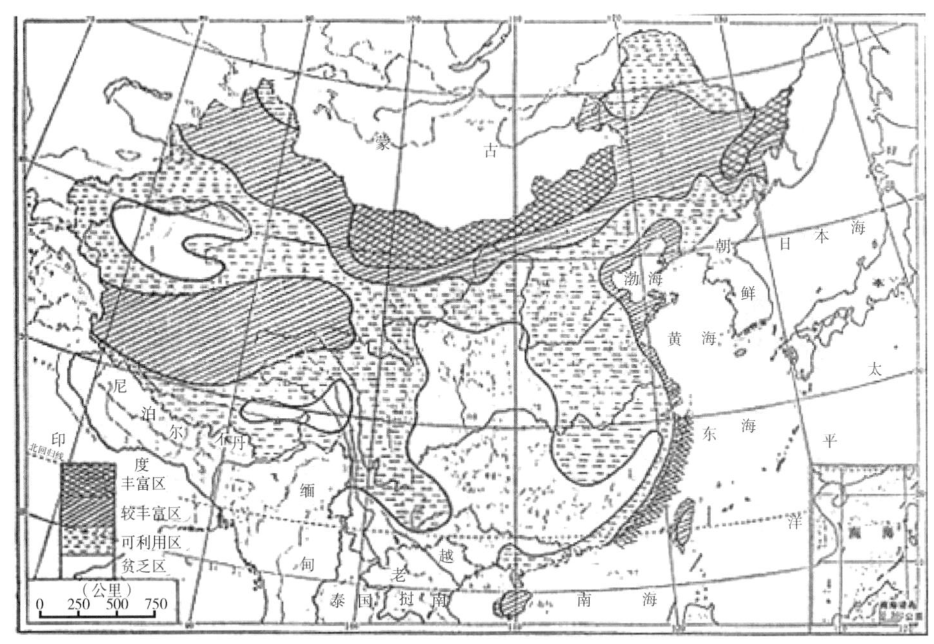

图 3－1　我国风能资源分布图

总体来说，风能资源较好的地区为东南部沿海及一些岛屿。内陆沿东北、内蒙古、甘肃至新疆一带和青藏高原的部分地区，风能资源也较丰富，其中某些地区的年平均风速可达 6～7 米/秒，年平均有效风能密度按 3～207 米/秒有效风速计算在 200 瓦/平方米以上，一年中有效风速超过 3 米/秒的时间为 4000～8000小时。具体来说，风能资源分布的四类区域如下：

（1）丰富地区：指风速 3 米/秒以上超过半年、6 米/秒以上超过 2200 小时的地区。包括北部的克拉玛依、甘肃的敦煌、内蒙古的二连浩特等地区，沿海的大连、威海、嵊泗、舟山、平潭一带。这些地区有效风能密度一般超过 200 瓦/平方米，有些海岛甚至可达 200 瓦/平方米以上。

（2）较丰富区：指一年内风速超过 6 米/秒的多于 1500 小时的地区。包括西藏高原的班戈地区、唐古拉山，西北的奇台、塔城，华北北部的集宁、锡林浩特、乌兰浩特，东北的嫩江、牡丹口、营口以及沿海的塘沽、烟台、莱州湾、温州一带。该风力资源特点是有效风能密度为 150～200 瓦/平方米，3～20 米/秒风速出现的全年累积时间为 4000～5000 小时。

（3）可利用区：指一年内风速大于 6 米/秒的时间为 1000 小时，风速3 米/秒以上超过 350 小时的地区。包括新疆的乌鲁木齐、吐鲁番、哈密，甘肃的酒泉，宁夏的银川，以及太原、北京、沈阳、济南、上海、合肥等地区。该地区有效风能密度在 50 ~ 150 瓦/平方米之间，3 ~ 20 米/秒风速年出现时间为 2000 ~ 4000小时。该区在我国分布最广泛，一般风能集中在冬春两季。

（4）贫乏区：指一年中风速大于和等于 3 米/秒的时数在 200 小时以下，全年中风速大于和等于 6 米/秒的时数在 150 小时以下的地区。包括云南、贵州、四川、甘肃、陕西南部，河南、湖南西部，福建、广东、广西的山区以及新疆塔里木盆地和西藏的雅鲁藏布江，有效风能密度在 50 瓦/平方米以下。当然，在这些地区由于山川湖泊和一些特殊地形的影响，小范围内风能也较丰富。

广东风力资源丰富，风电开发条件良好。广东省拥有 3300 千米以上的海岸线和上千座岛屿，沿海一带及岛屿风速大，风能蕴藏量丰富。广东省可开发的风电场分布在沿海近海岸区域，较高的山地也有零星分布，面积为 8360 平方千米，理论可开发量为 15400 兆瓦，技术可开发量 1210 兆瓦。

广东省风能的潜在开发区分布在沿海和河口一带，面积为 6599 平方千米，理论可开发量为 7990 兆瓦，技术可开发量 627 兆瓦。高产的风电场主要分布在向外海突出的沿岸、近海岛屿和内陆地区的高山山顶一带，面积为 1797 平方千米，理论可开发量为 5720 兆瓦，技术可开发量 449 兆瓦。

（三）风能的利用形式

风能利用历史悠久，人类利用风能的历史可以追溯到公元前。我国是世界上最早利用风能的国家之一，古代甲骨文字中就有“帆”字存在。公元前数世纪我国人民就利用风力提水、灌溉、磨面、舂米和用风帆推动船舶前进。宋朝是我国应用风车的全盛时期，当时流行的垂直轴风车一直沿用至今。12 世纪以后，风车在欧洲迅速发展，通过风车（风力发动机）利用风能提水、供暖、制冷、航运、发电等。只是由于蒸汽机的出现，才使欧洲风车数目急剧下降。

但是，自 1973 年世界石油危机以来，在常规能源告急和全球生态环境恶化的双重压力下，风能作为新能源的一部分重新有了长足的发展。目前，风能的利用主要是通过风力机将风能转化为电能、热能、机械能等各种形式的能量，用于发电、提水、助航、制冷和制热等。风能目前主要用于以下几方面：

1. 风帆助航

风帆是人类利用风能的开端，风能最早的利用方式。在机动船舶发展的今天，为节约燃油和提高航速，古老的风帆助航也得到了发展，现已在万吨级货船上采用电脑控制的风帆助航，节油率可达15%。

2．风力提水

风力提水从古至今一直得到较普遍的应用，至20世纪下半叶，为解决农村、牧场的生活、灌溉和牲畜用水以及为了节约能源，风力提水机有了很大的发展。现代风力提水机根据其用途可以分为两类：一类是高扬程小流量的风力提水机，它与活塞泵相配汲取深井地下水，主要用于草原和牧区，为人畜提供饮水；另一类是低扬程大流量的风力提水机，它与水泵相配，汲取河水、湖水或海水，主要用于农田灌溉、水产养殖或制盐。风力提水机在我国用途十分广泛。

3．风力制热

随着生活水平的提高，家庭用热能的需要越来越大，风力制热有了较大的发展。风力制热是将风能转换成电能。目前有三种转换方法：一是风力发电机发电，再将电能通过电阻丝转变成热能；二是由风力机将风能转换成空气压缩能，再转换成热能，即由风力机带动一次离心压缩机，对空气进行绝热压缩而发出热能；三是将风力直接转换成热能，这种方法制热效率最高。风力直接转换成热能也有很多方法，最简单的是搅拌液体制热，即风力机带动搅拌机转动，从而使液体水或油变热。液体挤压制热是利用风力机带动液压泵，使液体加热后再从小孔中高速喷出而使液体加热。此外，还有固体摩擦制热和电涡流制热等方法。

4．风力发电

利用风力发电已越来越成为风能利用的主要形式，而且发展速度最快。风力发电通常有三种运行方式：一是独立运行方式，通常是一台小型风力发电机向一户或几户人家提供电力，用蓄电池蓄能，以保证无风时的用电；二是风力发电与其他发电方式（如柴油机发电）相结合，向一个村庄或一个海岛供电；三是风力发电并入常规电网运行，向大电网提供电力，这是风力发电的主要发展方向。

二、风力发电技术

（一）风力发电技术简介

风能目前最常见的利用形式为风力发电。风力发电的原理，是利用风力带动风车叶片旋转，把风的动能转变成机械动能，再通过增速机来提高叶片旋转的速度，带动发电机发电，把机械能转化为电能。依据目前的风车技术，大约是每秒3米的微风速度，便可以开始发电。

1. 风力发电的优势

风力发电具有其他能源不可取代的优势和竞争力。我国可用于风力发电的总潜力高达2.5亿千瓦，是一种用之不竭的动力。

风力发电的优越性可归纳为以下几点：

（1）建造费用低，建设周期短，装机规模灵活。

风力发电场的建造费用低廉，比水电站、火力发电厂或核电站的建造费用低得多；风力发电和其他发电方式相比，建设周期一般很短，1台风机的安装时间不超过3个月，一个50万千瓦级风力发电场建设期不到1年，而且安装1台投产1台，装机规模灵活，可根据实际情况确定。

（2）运行简单，运行费用低。

风力发电运行简单，可完全做到无人值守；运行时不需火力发电所需的煤、油等燃料或核电站所需的核材料即可发电，除常规保养外，没有其他任何消耗。

（3）环保效益好。

风力是一种洁净的自然能源，没有其他发电方式所伴生的环境污染问题；风力发电实际占地少，机组与监控、变电等建筑仅占风力发电场约7%的土地，其余场地仍可供其他产业使用。对地形要求低，在山丘、海边、河堤、荒漠等地均可建设。

此外，在发电方式上还有多样化的特点，既可联网运行、独立运行，也可和其他发电形式如柴油发电机互补运行，为解决边远无电地区的用电问题提供了可能性。

2. 风力发电的缺点

（1）风能的随机性大。

风速随大气的温度、气压等因素的不同有着较大的变化，是随机和不可控制的，作用在风机叶片上的风力大小也是随机和不可控制的，进而发电机的输入机械功率也存在一定的不可控性，影响发电的稳定性。

（2）风能密度低，风轮机转动惯量大。

由于空气的密度低，要获得比较大的功率，风轮的直径要做得很大，风轮装置庞大。由于风轮直径大，巨大的风轮转子叶片使得风轮机具有较大的转动惯量。

（3）风力发电机的选用有限制。

目前国内的风力发电系统采用异步发电机直接并网的方式，风速的变化将引起风力发电机注入电网有功和无功功率的变化，从而引起附近电网母线电压的波动，为了克服这一缺点，风电系统可以采用交流励磁发电机，使风力发电系统具有较好的动态和静态特性。

（二）风力发电机

1. 工作原理及类型

风能对风机产生三种力，即轴向力、径向力和切向力。轴向力为空气牵引力，是气流接触到物体并在流动方向上产生的力；径向力即空气提升力，是使物体具有移动趋势的垂直于气流方向的压力和剪切力的合力，狭长的叶片具有较大的提升力。用于发电的主要是这两种力。水平轴风机使用轴向力，风轮的旋转轴与风向平行；垂直轴风机使用径向力，风轮的旋转轴垂直于地面或者气流方向。

（1）水平轴风力发电机。

水平轴风机目前应用广泛，为风力发电的主流机型。水平轴风力发电机可分为升力型和阻力型两类。升力型风力发电机旋转速度快，阻力型旋转速度慢。对于风力发电，多采用升力型水平轴风力发电机。大多数水平轴风力发电机具有对风装置，能随风向改变而转动。对于小型风力发电机，这种对风装置采用尾舵，而对于大型的风力发电机，则是利用风向传感元件以及伺服电机组成的传动机构。风力机的风轮在塔架前面的称为上风向风力机，风轮在塔架后面的则成为下风向风机。水平轴风力发电机的式样很多，有的具有反转叶片的风轮，有的在一个塔架上安装多个风轮，以便在输出功率一定的条件下减少塔架的成本，还有的水平轴风力发电机在风轮周围产生漩涡，集中气流，增加气流速度。

（2）垂直轴风力发电机。

垂直轴风力发电机在风向改变的时候无须对风，能够利用来自各个方向的风，在这点上相对于水平轴风力发电机是一大优势，它不仅使结构设计简化，也减少了风轮对风时的陀螺力，而且便于维护。

利用阻力旋转的垂直轴风力发电机有几种类型：①风杯式，利用迎风叶片的阻力差使风轮转动，这是一种纯阻力式装置，气动效率较低。②Savonius 式，简称S形风车，具有部分升力，但主要还是阻力装置，可做成多层式，效率不高但结构简单，能产生较大的转矩。③Darrieus 式，简称 D 式，属于升力式，效率较高，但一般情况下自起动困难，若采用非对称的特殊叶型或特殊叶片则情况会有所改善。这些装置有较大的启动力矩，但叶尖速比低，在风轮尺寸、重量和成本一定的情况下，提供的功率输出相对较低。

2. 风力发电机组主要部件

风力发电所需要的装置，称作风力发电机组。风力发电机组大体上可分为风轮（小型发电机组包括尾舵）、传动系统、发电机、储能设备、铁塔和电器系统等几部分。

风轮，即叶片，是把风的动能转变为机械能的重要部件，它由两个或更多螺旋桨形的叶轮组成。当风吹向桨叶时，桨叶上产生气动力驱动风轮转动。桨叶的材料要求强度高、重量轻，目前多用玻璃钢或其他复合材料（如碳纤维）来制造。现在还有一些垂直风轮，S 形旋转叶片等，其作用也与常规螺旋桨型叶片相同。由于风轮的转速比较低，而且风力的大小和方向经常变化着，这又使转速不稳定。所以，在带动发电机之前，还必须附加一个把转速提高到发电机额定转速的齿轮变速箱，再加一个调速机构使转速保持稳定，然后再连接到发电机上。为保持风轮始终对准风向以获得最大的功率，还需在风轮的后面装一个类似风向标的尾舵。

发电机的作用，是把由风轮得到的恒定转速，通过升速传递给发电机构均匀运转，把机械能转变为电能。

铁塔是支撑风轮、尾舵和发电机的构架。它一般修建得比较高，为的是获得较大的和较均匀的风力。铁塔高度一般在 6 ~ 20 米范围内，视地面障碍物对风速的影响情况及风轮的直径大小而定。

（三）风力发电系统

1. 离网风力发电系统

由于风电能的波动性和用户需求的变化，离网型风电系统须借助储能装置来缓冲并消除系统电能的供需不平衡，保证系统供电的连续稳定。离网型风电系统主要包括独立的风电系统、风力—柴油发电联合系统和风力—太阳光发电联合系统等。

（1）独立的风电系统。

独立的风电系统主要建造在远离电网的边远地区，如用户分散、负荷较低或交通不便的地区。这种系统运行方式简单，但由于风力发电输出功率的不稳定性，需根据用户需求采取相应的措施。按照发电机的不同，独立的风电系统可分为直流发电系统和交流发电系统两种。

直流发电系统多采用蓄电池储能，由风力机驱动的小型直流发电机经过蓄电池向电阻性负载供电。这种系统中，蓄电池组的容量的选择至关重要，同时必须保证当发电机电压低于蓄电池组的电压时不会出现反向放电的现象。

交流发电系统由交流发电机经整流器整流后直接向直流负载供电，并将多余的电力向蓄电池充电。如果需要交流用电，则通过逆变器将直流电转换为交流电供给交流负载。

（2）风力—柴油发电联合系统。

风力—柴油发电系统是指由风力发电机与柴油发电机组成的供电系统。在电网覆盖不到的边远地区如农村、牧区和海岛等，它可以提供稳定可靠和持续的电能，并可节约柴油。风力—柴油发电系统按其结构可分为基本型、基本型加离合器加蓄电池和交替运行三种形式。

基本型风力—柴油发电系统由风力机驱动的异步发电机和柴油机驱动的同步发电机在电路上并联后共同向负荷供电。基本型风力—柴油发电系统根据负荷的大小来调整自身的输出功率，但必须不停地运转（包括轻载运行），以供给异步发电机所需的无功功率。

具有离合器及蓄电池的风力—柴油发电系统在柴油机与同步发电机之间装有一个电磁离合器，同时在网络上接有由电力电子器件组成的整流逆变装置及蓄电池。当风力较强时，来自风力发电机的电能除去供给负荷所需外，多余的电能经整流器向蓄电风力机以及蓄电池充电，将电能蓄存起来；当风力很强时，通过离合器的作用，柴油机与同步发电机断开并停止运转，同步发电机由蓄电池经逆变器供电作为同步补偿机运转，向异步发电机提供无功功率；此外，当负荷所需的电能超过了风力及柴油发电机所能提供的电能时，蓄电池可经逆变器向负荷提供所欠缺的电能。由于柴油机可以停止运转，节油效果好，而且有蓄电池补充电能，柴油机开停的次数可以大大减少。

交替/切换运行的风力—柴油发电系统中，风力机及柴油机都驱动同步发电机，用电负荷按其重要性分为第一类负荷（优先）、第二类负荷（一般）、第三类负荷（次要）等。首先保证供给第一类负荷所需的电能，其次在风力较强时通过频率传感元件给出信号依次接通第二类、第三类负荷。当风力太弱，以致对第一类负荷所需的电能也不能保证供给时，风力发电机退出运行，柴油发电机自动起动并投入运行。当风力增大并足以提供第一类负荷所需的电能时，柴油发电机则退出运行，风力发电机再次投入运行。这种系统是由风力发电机与柴油发电机交替运行，两者在电路上无任何联系，不需要同步并网装置，结构简单。缺点是交替运行会造成用电负荷供电短时中断。

（3）风力—太阳光发电联合系统。

风力—太阳光发电联合系统是一种由风力发电系统和太阳光发电系统联合运行的系统。采用这种系统的目的是更高效地利用可再生能源，实现风力发电与太阳光发电的互补。中国许多地方冬春风力强，夏秋风力弱但太阳辐射强，从资源利用上可以互补。

2. 并网风力发电系统

为解决风能的不稳定性问题，除了对中小型发电机采用蓄电池等储能装置或与其他发电装置联合运行外，大型风力发电机主要采用并网运行。目前投入运行的并网风力发电系统大都采用定转速技术，其组成主要包括发电机、软起动器、电容组和变频器（频率变换器）。常见的并网风力发电系统包括恒速恒频风力发电机的并网运行和变速恒频风力发电机的并网运行。

在风力发电中，当风力发电机组与电网并网时，要求风电的频率与电网的频率保持一致，即保持频率恒定。恒速恒频是指在风力发电过程中，保持风车的转速（也即发电机的转速）不变，从而得到恒频的电能。在风力发电过程中让风车的转速随风速而变化，而通过其他控制方式来得到恒频电能的方法称为变速恒频。

由于风能与风速的三次方成正比，当风速在一定范围变化时，如果允许风车做变速运动，则能达到更好利用风能的目的。风车将风能转换成机械能的效率可用输出功率系数 CP 来表示。恒速恒频机组的风车转速保持不变，而风速又经常在变化，显然 CP 不可能保持在最佳值。变速恒频机组的特点是风车和发电机的转速可在很大范围内变化而不影响输出电能的频率。由于风车的转速可变，可以通过适当的控制，使风车的周速比处于或接近最佳值，从而最大限度地利用风能发电。

目前，在风力发电系统中采用最多的异步发电机属于恒速恒频发电机组。为了适应大小风速的要求，一般采用两台不同容量、不同极数的异步发电机，风速低时用小容量发电机发电，风速高时则用大容量发电机发电，同时一般通过变桨距系统改变桨叶的攻角以调整输出功率。但这也只能使异步发电机在两个风速下具有较佳的输出系数，无法有效地利用不同风速时的风能。

用于风力发电的变速恒频系统有多种：如交—直—交变频系统，交流励磁发电机系统，无刷双馈电机系统，开关磁阻发电机系统，磁场调制发电机系统，同步异步变速恒频发电机系统等。为了充分利用不同风速时的风能，应该对各种变速恒频技术做深入的研究，尽快开发出实用的，适合于风力发电的变速恒频技术。

（四）风力发电场的选址及运行维护

1. 风力发电场选址

在风电场建设之前，前期的选址工作是关键。风电场场址恰当与否直接影响电厂建成投产后的风资源利用率、风电场年发电量以及风电场对周围环境等的影响。风电场微观选址工作涉及气象、地质、交通、电力等诸多领域。

对风能资源的评估是风电场取得良好效益的关键。首先要搜集初选风电场址周围气象台站的历史观测数据，主要包括：海拔高度、风速及风向、平均风速及最大风速、气压、相对湿度、年降雨量、平均气温、极端最高最低气温以及灾害性天气发生频率的统计结果等。此外还应在初选场址内建立测风塔，并进行至少1年以上的观测，主要测量离地面10～70米/每百米高处的10分钟平均风速和风向、日平均气温、日最高和最低气温、日平均气压以及10分钟脉动风速的平均值。这些风速的测量主要是为了根据风机功率曲线计算发电量，并计算场址区域的地表动力学摩擦速度。对测得的风塔的数据进行整理分析，并将附近气象台站观测的风向风速数据订正到所选场址区域。

分析气象观测数据及场址地表特征，根据以下条件判断所选区域是否适宜建立风电场：

（1）初选风电场地区风资源良好，年平均风速大于6～7米/秒，风速年变化相对较小，30米高度处的年有效风力时数在6000小时以上，风功率密度达到250瓦/平方米以上。

（2）初选场址全年盛行风向稳定，主导风向频率在30%以上，风向稳定可以增大风能的利用率、延长风机的使用寿命。

（3）初选场址湍流强度要小，湍流强度过大会使风机振动受力不均，降低风机使用寿命，甚至会毁坏风机。

（4）初选场址内自然灾害发生频率要低，对于强风暴、沙尘暴、雷暴、地震、泥石流多发地区不适宜建立风电场。

（5）所选风电场内地势相对平坦，交通便利，尽可能靠近电网，风电上网条件较好，并最好远离自然保护区、人类居住区、候鸟保护区及候鸟迁徙路径等。

如果某些地区缺少历史测风数据，同时地形复杂，不适宜通过台站观测数据来订正到初选场址，可以通过如下方法对场址内风资源情形进行评估：地形地貌特征判别法、植物变形判别法、风成地貌判别法、当地居民调查判别法。

2. 风力发电场的运行维护

随着风电场装机容量的逐渐增大，以及在电力网架中的比例不断升高，对大型风电场的科学运行、维护管理逐步成为一个新的课题。风电场运行维护管理工作的主要任务是通过科学的运行维护管理，来提高风力发电机组设备的可利用率及供电的可靠性，从而保证电场输出的电能质量符合国家电能质量的有关标准。

风电场运行工作的主要内容包括两个部分，分别是风力发电机组的运行和场区升压变电站及相关输变电设施的运行。风力发电机组的控制系统是采用工业微处理器进行控制，其自身的抗干扰能力强，并且通过通信线路与计算机相连，可进行远程控制。风机的运行工作就是进行远程故障排除和运行数据统计分析及故障原因分析。

风力发电机是集电气、机械、空气动力学等各学科于一体的综合产品。风力机维护的好坏直接影响到发电量的多少和经济效益的高低；风力机本身性能的好坏，也要通过维护检修来保持，维护工作及时有效可以发现故障隐患，减少故障的发生，提高风机效率。风机维护可分为定期检修和日常维护两种方式。

（五）风力发电现状

1. 全球风力发电现状

自 19 世纪末丹麦建成全球第一个风力发电装置以来，世界风电装机容量迅猛增长。最近几十年，全球在风能的利用和开发方面，不管是在应用研究方面还是在理论研究方面都取得了很大的进步。世界风电装机容量 1981 年为 15 兆瓦，1992 年已经达到 2652 兆瓦。近 10 年来，风力发电机组装机的年增长速度一直保持在 25% 以上。截至 2006 年，全球风力发电机容量达 50000 兆瓦，其总量相当于47个标准核电站。根据全球风能理事会GWEC消息，2010年全球新增风电装机35.8吉瓦，至此，全球风电的装机总量达到194.4吉瓦，较2009年的158.7吉瓦，增长了22.5%。同时，2010年新增风电装机也意味着价值473亿欧元（约合650亿美元）的投资。风电已经是商业化的产业，有能力成为主流电源之一。

风能发电的技术也开始慢慢地完善，目前风能发电机组的单机额定功率最大已经可以达到5兆瓦，而且风机叶轮的直径也能够达到126米。到现在，欧洲采用风能发电已经能够满足4000万人的日常生活用电需要，随着科学技术的不断发展，也许再过几年，欧洲采用风能发电基本上就能够满足整个欧洲一半人口的日常生活需要。在德国，风能设备的制造业也已经取代了造船业和汽车制造业，成为德国第一大钢材用户。而且很多国家都开始对风能发电制定有比较长远的规划。

2. 我国风力发电现状

我国风力机的发展，在20世纪50年代末是各种木结构的布篷式风车，到60年代中期主要是发展风力提水机。70年代中期以后风能开发利用列入“六五”国家重点项目，得到迅速发展。80年代中期以后，我国先后从丹麦、比利时、瑞典、美国、德国引进一批中、大型风力发电机组。在新疆、内蒙古的风口及山东、浙江、福建、广东的岛屿建立了8座示范性风力发电场。1992年装机容量已达8000千瓦。新疆达坂城的风力发电场装机容量已达3300千瓦，是当时全国目前最大的风力发电场。1990年年底，全国风力提水的灌溉面积已达2.58万亩。1997年，新增风力发电10万千瓦。

近些年来，我国风力发电迅猛增长。1995—2004年，风力发电平均年增长速度为30%左右。图3-2和图3-3分别为2001—2009年我国新增及累计风电装机容量及增速。截至2009年12月31日，中国（不含台湾省）风电累计装机超过1000兆瓦的省份超过9个，其中超过2000兆瓦的省份4个，兆瓦级机组成为我国风电装机主流产品。我国已经拥有多家生产兆瓦级风力发电机的企业。

2009年年末，我国风电新增装机容量1380.3万千瓦，增长率连续6年超过100%，居世界第一，成为增长速度最快的国家。累计装机容量达到2580万千瓦，超过德国，位列全球第二。全国累计安装风电机组11600多台，风电场250多个，分布在24个省（市、区）。从风电装机容量分布来看，累计装机容量超过100万千瓦的省有9个，超过200万千瓦的省有4个。其中，内蒙古自治区累计装机容量920万千瓦，河北省278万千瓦，辽宁省242万千瓦，吉林省201万千瓦。可以看出，我国风电场分布与风资源的分布情况相吻合，主要分布在三北地区和东南沿海。

2010年，中国风力发电新增装机超过10吉瓦，装机容量超过40吉瓦（约合4000万千瓦），超越美国，成为全球风电装机容量最大的国家。其他新兴风电市场还包括：印度新增2.1吉瓦，巴西新增326兆瓦，墨西哥新增316兆瓦，北非（包括埃及、摩洛哥以及突尼斯）新增213兆瓦。

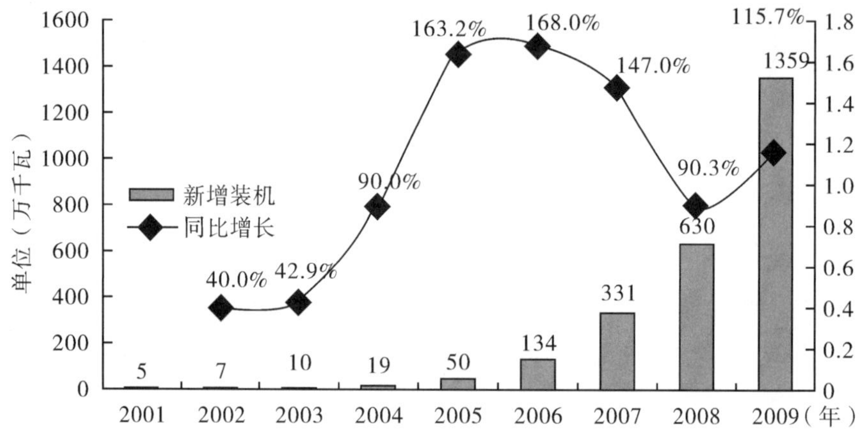

图3-2　2001—2009年我国新增风电装机容量及增速

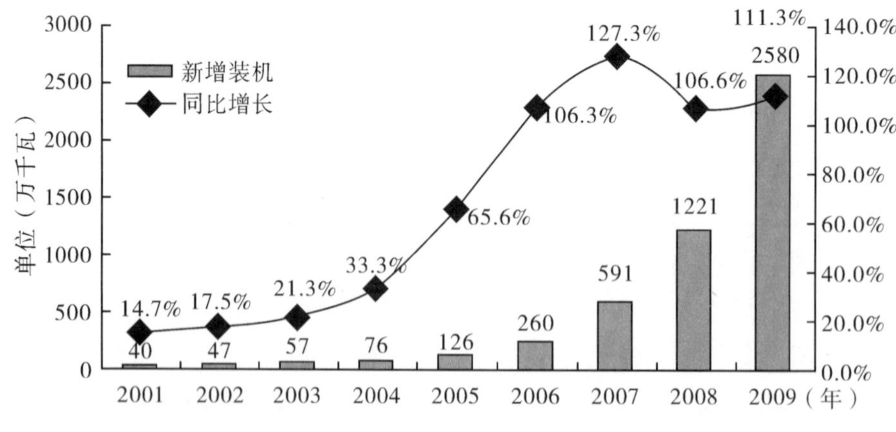

图3-3　2001—2009年我国累计风电装机容量及增速

随着全球风电市场的蓬勃发展，风机价格也不再像以往那样高不可攀。据彭博新能源财经2月7日发布的最新风机价格指数（该指数包括风机成本以及海运或陆路运输成本，但不包括增值税、建设成本和连接成本等编者注）显示，2010 年下半年签约并于 2011 年交货的风机平均价格已降至每兆瓦 98 万欧元（约合 133 万美元），为 2005 年来的最低价，比 2009 年下降了 7%，比 2007—2008 年下降了 19%。

中国国内风机每兆瓦的平均价格低于国际平均价格的 30% 以上。2010 年我国国家特许权招标中，金风 1.5 兆瓦风电机组报出了 3850 元/千瓦的最低价，华锐 1.5 兆瓦机组报价为 3983 元/千瓦。国内风机价格低主要是因为业内白热化竞争加剧，成本控制尤其是人力资源优势明显，同时整机的规模化生产也降低了风机的单位成本。

虽然中国已成为全球风电装备最大的消费者和生产者，但是当前中国风电企业在国际市场上还鲜有动作，风机的出口量基本上可以忽略不计，产生这一现象的原因是多方面的：第一，国内企业的“走出去”战略还处在初步实施阶段，对风机出口没有给予足够的重视；第二，国内风机制造企业大多刚刚完成先前引进技术的消化，目前正处在自主研发阶段，自身的技术储备还不能满足国外客户的苛刻要求；第三，国内许多风机企业缺乏风机设备认证的观念，而取得国际权威机构的风机设备认证是国外客户接受中国风机设备的先决条件。

目前，我国风力发电上网电价实行分地区电价，即按照风能资源的丰富程度划定标杆上网电价，见表 3-2。

表 3-2 全国风力发电上网电价表

资源区	标杆上网电价（元/千瓦时）	各资源区所包括的地区
Ⅰ	0.51	内蒙古自治区除赤峰市、通辽市、兴安盟、呼伦贝尔市以外的其他地区；新疆维吾尔自治区乌鲁木齐市、伊犁哈萨克族自治州、昌吉回族自治州、克拉玛依市、石河子市
Ⅱ	0.54	河北省张家口市、承德市；内蒙古自治区赤峰市、通辽市、兴安盟、呼伦贝尔市；甘肃省张掖市、嘉峪关市、酒泉市
Ⅲ	0.58	吉林省白城市、松原市、黑龙江省鸡西市、双鸭山市、七台河市、绥化市、伊春市、大兴安岭地区；甘肃省除张掖市、嘉峪关市、酒泉市以外其他地区；新疆维吾尔自治区除乌鲁木齐市、伊犁哈萨克族自治州、昌吉回族自治州、克拉玛依市、石河子市以外其他地区；宁夏回族自治区
Ⅳ	0.61	除Ⅰ类、Ⅱ类、Ⅲ类资源区以外的其他地区

广东粤电集团有限公司建设的广东惠来石碑山风电场已于2006年8月整体投运。该电场作为全国首批风电特许经营权示范项目，建设167台国产风机，每台风机容量600千瓦，合计容量100兆瓦，国产化率高达60%。

广东省风电市场目前已经启动的新项目有260兆瓦，在规划的有360兆瓦，其中最引人注目的是香港中电控投与瑞典能源巨头ABB公司有意在汕头南澳建设200兆瓦的大型海上风电场。

从广东电网公司电力科学研究院获悉，广东已经投运的风电场为18个，在建约50个。其中，南澳风电场是国内三大著名风电场之一，也是目前亚洲地区最大的海岛风电场。粤东南澳岛风力发电机已拥有218台，总装机容量达12.5万千瓦，年可发电超3千亿度。

图3－4　广东汕头南澳风电场

2011年1月，广东明阳大型风机中山基地项目签约仪式在中山火炬开发区举行。这一计划年产值超过500亿元的大型基地将助力明阳风电跻身全球行业3大巨头。

（六）风力发电发展前景

风力发电在一百多年的发展中，由于它造价相对低廉，成了各个国家争相发展的新能源首选。为提高风力发电效率、降低成本、改善电能质量、减少噪音、实现稳定可靠运行，风力发电将向大容量、变转速、直驱化、无刷化、智能化以及微风发电等方向发展，其技术发展趋势如下。

（1）风力发电单机容量变大，桨叶相应变化。

20 世纪 80 年代中期，风机主力机型的容量为 55 千瓦。2004 年，全球风机平均单机容量达到 1.3 兆瓦，主力机型已是兆瓦级。大型风机系统可以降低并网成本和单位功率造价，有利于提高风能利用效率。随着单机容量不断增大，桨叶长度增长，桨叶材料发展为强度高、质量轻的碳纤维，桨叶向柔性方向发展。很多风机制造商正致力于开发兆瓦级大型风机。大型风机更适合滨海风力场，在人口密度较高的国家，随着陆地风力场开发利用殆尽，滨海风力场在未来的风能开发中将占有越来越重要的份额。目前，低于 600 千瓦的风机几乎不再生产。发展大容量、大功率风机是今后风机发展的一个趋势。

（2）海上风力发电。

海上风力发电是目前风能开发的热点。海上风力发电是利用海上风力资源发电的新技术。海上风电场比陆地风电场年发电量可增加 20% ~50%，且远离居住地，噪音干扰小。在石油资源形势日益严峻的情况下，各国均将眼光投向了风力资源巨大的海域，欧洲多个国家已建立了多个海上风力发电厂，而且规模巨大。目前，丹麦、瑞典、荷兰、英国等国家已建立了海上风电场。但海上风电场的建设需要解决湿度大、腐蚀性高、施工困难等问题。随着风电技术的进步，近岸、浅海风电场的建设将会加快速度。中国也逐渐涉及海上风力发电领域，上海的海上风力发电厂 2010 年启用，香港欲建全球最大海上风力发电厂。根据《国家电网公司促进风电发展白皮书》预计，风电装机容量将迅速提升，预计 2020 年海上风电装机容量将超过 3200 万千瓦。

（3）塔架高度上升及高空风力发电。

从能源本身的角度，高空风能比低空风能丰富和稳定。在平坦地带的风机，50 米高度的风能比 30 米高处多 20%。而高空风力发电，是利用地球在距地面 488 ~12192 米的高空的风力来发电。由于具有环保，无污染，美国科学家正尝试通过这种技术给整座城市供电。但还需要克服众多的困难后才可以投入运营。

（4）控制技术发展，采用变桨距和变速恒频技术。

变桨距调节方式迅速取代失速调节方式，变速运行方式迅速取代恒速运行方式，为大型风力发电机的控制提供了技术保障，其应用可减小风力发电机的体积、重量、成本，增加发电量，提高效率和电能质量。

（5）从风轮到发电机的新型驱动方式——直接驱动。

直接驱动可省去齿轮箱，减少能量损失，降低发电成本和噪声，提高效率和可靠性。

（6）风力发电机无刷化、风力发电智能化。

无刷化可提高系统的运行可靠性，实现免维护，提高发电效率。采用先进的模糊控制、神经网络、模式识别等智能控制方法，可以有效克服风力发电系统的参数时变与非线性因素。

（7）并网大型化与离网分散化互补运行。

大中型风电机组并网发电，已经成为世界风能利用的主要形式，随着并网机组需求持续增长，生产量上升，机组更新换代，单机容量提高，机组性能优化，故障降低，生产成本下降，风电已经接近与常规能源竞争的能力。

经济和社会效益方面，风电在未来的发展过程当中主要的趋势是：

第一，风电设备价格的下降，使风电上网电价下降，逐渐接近燃煤发电的成本，凸显经济效益。世界观察研究所的资料显示，风力发电机的装机成本随着风机单机容量的增长已从1981年的2600美元/千瓦降到2003年的750美元/千瓦。随着风力发电技术日臻成熟，风电价格不断下降，已从1980年的约32美分/千瓦时降到2003年的约5美分/千瓦时，一些美国电力公司的风电的优惠售价已降到2.0～2.5美分/千瓦时。据专家估计，2020年以后风力发电成本的平均竞争力可达到洁净煤发电厂的水平。在风电的规模不断扩大的情况下，我国的各项经济指标也会相应地提高，这样就会使得风电企业的竞争力以及企业的盈利能力都会有比较大的进步。

第二，项目的建设时间缩短，见效也较快，水电和火电的项目建设周期是需要用年来计算，但是在有风场数据的前提下，风电建设的项目则可以用月或是周来进行计算。

第三，能够很好地控制温室效应的发展，加快发展风能的速度，能够很好地减少造成温室效应的二氧化碳，使得气候变暖的情况能够得到很好的缓解，对于沙尘暴灾害也能够有效地遏制，阻止沙漠化的发展。

第四，对于那些边缘的山村也能够独立供电，风能发电是比较分散的供电系统，这样就能够很好地满足这些地区对于能源的要求。

第五，风能发电场也可能变成旅游项目，带动当地的经济发展。

目前风电技术已相当成熟，风电成本已具有市场竞争能力，在国外风电成本已下降到比火力发电略高一些，并仍在不断下降中。风电已经是商业化的产业，并且有能力成为主流电源之一。2002年，欧洲风能协会和绿色和平组织发表了一份标题为《风力 12》的可行性论证报告，论证了风电在 2020 年发展到世界电量的 12%，技术上是可行的，届时全世界风电装机将达到 12.6 亿千瓦，与此同时，提供 1700 万个就业机会。

我国的风电装机到 2020 年将能期望上升至 1 亿千瓦，即占 2020 年电力装机 10 亿千瓦的 10%，占发电站总量的 5%。参考欧洲各国迅速发展风电的经验，风电年平均增长 40%，对于我国来说，这并不是不可设想的发展速度。2020—2050 年，如果年平均以 10% 左右的速度上升，将能期望风电由 1 亿千瓦的装机上升到约 16 亿千瓦的装机。

第四章　生物质能

一、基础知识

（一）生物质能的概念

生物质能就其能源数量而言是仅次于煤炭、石油、天然气的第四大能源，也一直是人类赖以生存的重要能源之一，在整个能源系统中占有重要地位。

生物质能是以化学能形式蕴藏在生物质中的能量，是指直接或间接地通过绿色植物的光合作用，把太阳能转化为化学能后固定和贮藏在生物体内的能量。煤、石油和天然气等化石能源也是由生物质能转变而来的。生物质能是贮存的太阳能，它取之不尽、用之不竭，是一种可再生能源，更是一种唯一可再生的碳源，可转化成常规的固态、液态和气态燃料。

生物质能的优点：提供低硫燃料，某些条件下提供廉价能源，将有机物（例如垃圾燃料）转化成燃料，可减少环境公害，与其他非传统性能源相比较，技术上的难题较少。

生物质能的缺点：植物仅能将极少量的太阳能转化成有机物，单位土地面积的有机物能量偏低，缺乏适合栽种植物的土地，有机物的水分偏多（50%～95%）。

（二）生物质能资源及其分布

1. 生物质能的来源

生物质能的来源通常包括以下几个方面：

（1）森林能源和水生植物。

森林能源是森林生长和林业生产过程提供的生物质能源，主要是薪材，也包括森林工业的一些残留物等。薪材来源于树木生长过程中修剪的枝丫、木材加工的边角余料以及专门提供薪材的薪炭林。森林能源在我国农村能源中占有重要地位，占农村能源总消费量的30%以上，而在丘陵、山区、林区，农村生活用能的50%以上靠森林能源。柴薪至今仍是许多发展中国家的重要能源。但由于柴薪的需求导致林地日减，应适当规划与广泛植林。同柴薪一样，水生植物也可转化成燃料。

（2）农作物秸秆等农业废弃物。

农作物秸秆是农业生产的副产品，也是我国农村的传统燃料。秸秆资源与农业（主要是种植业）生产关系十分密切。根据统计，我国农作物秸秆造肥还田及其收集损失约占15%，剩余部分除了作为饲料、工业原料之外，其余大部分还可作为农户炊事、取暖燃料。

（3）禽畜粪便。

禽畜粪便也是一种重要的生物质能源。除在牧区有少量的直接燃烧外，禽畜粪便主要是作为沼气的发酵原料。在粪便资源中，大中型养殖场的粪便是更便于集中开发、规模化利用的。

（4）生活垃圾和工业有机废弃物。

随着城市规模的扩大和城市化进程的加快，中国城镇垃圾的产生量和堆积量逐年增加。城镇生活垃圾主要是由居民生活垃圾、商业、服务业垃圾和少量建筑垃圾等废弃物所构成的混合物，成分比较复杂，主要成分一般包括：40%纸屑、20%纺织废料和20%废弃食物等。中国大城市的垃圾构成已呈现向现代化城市过渡的趋势，有以下特点：①垃圾中有机物含量接近1/3甚至更高；②食品类废弃物是有机物的主要组成部分；③易降解有机物含量高。目前中国城镇垃圾热值在4.18兆焦/千克（1000千卡/千克）左右。将城市垃圾直接燃烧可产生热能，或是经过热分解处理制成燃料使用。

（5）制糖作物。

制糖作物可直接发酵，转变为乙醇，但这存在与人类争粮食的问题，近年来受到限制。

2. 生物质能资源数量及其分布

地球上的生物质能资源较为丰富，地球每年经光合作用产生的物质有1730

亿吨，其中蕴含的能量相当于全世界能源消耗总量的 10～20 倍。

中国生物质能蕴藏量丰富，研究表明，2004 年我国生物质能总蕴藏量和理论可获得量分别达 35. 11 亿吨标准煤和 4. 6 亿吨标准煤，可获得量中秸秆、薪柴和畜粪分别占 38. 9%、36. 0%、22. 14%，如表 4－1 所示。随着农业和科技的发展，生物质能经济和技术可得性逐渐增大，我国生物质能可获得的资源量还将增加。

表 4－1　中国主要生物质能资源量

类型	实物总蕴藏量/亿吨	总蕴藏量/亿吨标准煤	理论可获得量/亿吨标准煤	所占比例/%
秸秆及农业加工剩余物	7. 28	3. 58	1. 79	38. 90
畜禽粪便	39. 26	18. 80	1. 02	22. 14
薪柴和林木生物质能	21. 75	12. 42	1. 66	36. 01
城市垃圾	1. 55	0. 22	0. 089	1. 93
城市废水	482. 4	0. 09	0. 047	1. 02
合计		35. 11	4. 60	

中国生物质资源蕴藏量随地理分布而不同，决定其地理分布格局的主要因素是其所处的自然生态地带和区域气候条件。中国生物质能资源量的地区分布见表4－2，其中西南、东北及河南、山东等地是我国生物质能的主要分布区。

表 4－2　中国生物质能资源量的地区分布

生物质能种类	排序	范围/10^4 吨	包括省（市、区）
秸秆	前五位	＞4500	河南、山东、黑龙江、吉林、四川
	后五位	＜240	天津、青海、西藏、上海、北京
畜粪	前五位	＞21500	河南、山东、四川、河北、湖南
	后五位	＜3000	海南、宁夏、北京、天津、上海
林木	前五位	＞21000	西藏、四川、云南、黑龙江、内蒙古
	后五位	＜60	江苏、宁夏、重庆、天津、上海
垃圾	前五位	＞800	广东、山东、黑龙江、湖北、江苏
	后五位	＜181	天津、宁夏、海南、青海、西藏
废水	前五位	＞250000	广东、江苏、浙江、山东、河南
	后五位	＜45000	甘肃、海南、宁夏、青海、西藏

广东的生物质总储量在全国的相对量来说不算丰富，没有区域广阔的林木

区，自然林木区比较分散，这是广东生物质资源的劣势之处。

但是，广东的生物质储量还是相当大的，广东的生物质能储量在垃圾和废水方面排在全国前列，分别为每年约 1580 万吨和 54 亿吨。此外，广东地处亚热带，在农业方面有适宜各种植物生长的气候的先天优势，因此在农田的稻米和玉米等的秸秆生物质总量还是相当可观的，每年约 1700 万吨。

（三）生物质能的利用形式

生物质能一直是人类赖以生存的重要能源，它是仅次于煤炭、石油和天然气而居于世界能源消费总量第四位的能源，在整个能源系统中占有重要地位。在世界能耗中，生物质能约占 14%，在发展中国家占 40% 以上，在不发达地区占 60% 以上。全世界约 25 亿人的生活能源的 90% 以上是生物质能。

我国古代智慧的人民开发利用了极为丰富、多样化的生物质能源，包括草本植物、木本植物、木炭、竹炭、生物油脂、动物粪便、蜡（蜂蜜蜡，虫白蜡）、酒精等，而且对不同生物质能源的特性及其利用积累了极为丰富的知识和经验。但是，传统上主要通过简单的直接燃烧等形式获取所需的光能或热能，用于炊事、取暖、照明、医疗、手工业生产、军事活动（如火攻、烽火信号传递）等社会生活、生产领域。其优点是容易燃烧、污染少、灰分低等；缺点是热值低，直接燃烧生物质的热效率仅为 10% ~30%，且体积大、不易运输和大量储藏。

目前，生物质能的利用技术大体上分为物理转换技术、化学转化技术、生物转化技术几大类：

（1）物理转换技术。

主要指生物质压制成型技术，即压块细密成型技术。将农林剩余物等生物质进行粉碎烘干，在一定的温度和压力下形成较高密度的固体燃料。

（2）化学转换技术包括四方面：直接燃烧、液化、气化和热解。

直接燃烧大致可分四种情况：炉灶燃烧、锅炉燃烧、垃圾焚烧和固型燃料燃烧，其中后三种燃烧技术可用于生物质发电。热解技术是生物质受高温加热后，其分子破裂产生可燃气体、液体焦油及固体木炭的热加工过程，该方法按其热加工的方法不同，又分为高温干馏、热解、生物质液化等方法。采用直接热解流体方法可将生物质转变为生物柴油。生物质气化是指将固体或液体燃料转化为气体燃料的热化学过程。

（3）生物转换技术。

主要是以厌氧消化和特种酶技术为主，常见技术为生物化学转换法，主要指生物质在微生物的发酵作用下，生成沼气、酒精等能源产品。

中国现阶段生物质能利用以农村为主，多数为传统利用和直接燃烧，效率低，污染大。2003 年，中国农村地区消费秸秆和薪柴等非商品能源分别达 1.43 亿吨标准煤和 1.16 亿吨标准煤。在未来，大力发展生物燃油、生物质发电等生物质能利用技术，科学高效地开发利用生物质能源将成为解决我国能源环境问题的有力措施之一。

二、生物质利用技术

（一）生物质物理转换技术

1. 固化成型技术

生物质固化成型技术把生物质压制成成型燃料（如块形、棒形燃料），以便集中利用和提高热效率。原料经挤压成型后，密度可达 1.1 ~ 1.4 吨/立方米，能量密度与中质煤相当，燃烧特性明显改善，火力持久黑烟小，炉膛温度高，而且便于运输和贮存。

（1）生物料粉碎。

现代生物质的破碎技术不仅能克服生物质原始状态能量密度小、存放体积大、运输不便等缺点，而且是把生物质制成吸附材料、成型燃料等以及使生物质形成粉体进行燃烧、气化、液化的先导技术。同时由于生物质粉体越细，燃烧效果越好，但破碎成本越高。

（2）生物质成型。

具有一定粒度的生物质原料，在一定压力作用下（加热或不加热），可以制成棒状、粒状、块状等各种成型燃料。现代生物质成型技术普遍采用的是热压缩成型技术。所有植物都含木素，当温度达到 140℃ ~180℃时木素就会塑化而富有黏性。生物质热压成型，就是以生物质加热后的木素为黏结剂，纤维素，半纤维素为“骨架”，在一定的温度和压力等工艺条件下把粉碎的生物质物料压制成具有固定形状的规格型体。

生物质成型设备可分为螺旋挤压成型、模压（平模及环模）成型、活塞冲压（机械及液压）成型和压块成型。从成型设备分析，成型燃料设备操作简单，使用方便，适合农村使用。生物质成型燃料的生产放在农村，成型燃料炉的使用可设在中、小城镇或农村，这样生物质从粉碎、成型到燃烧即可形成产业化。

利用生物质炭化炉可以将成型生物质块进一步炭化，生产生物炭。生物炭燃烧效果显著改善，烟气中的污染物含量明显降低，是一种高品位的民用燃料，优质的生物炭还可以用于冶金等工业。

2. 生物质型煤技术

根据生物质成型处理的不同方法，生物质型煤大体上可以分为三类：

（1）生物质制浆后的黑液，如纸浆废液作为成型黏结添加剂。

（2）生物质水解产物，如水解木质素、纤维素、半纤维素及碳氢化合物等作为成型黏结添加剂。

（3）生物质直接和煤粉混合，利用受热或高压压制成型，或利用植物纤维和碱法草浆原生黑液等做复合黏结剂，用氢氧化钠处理稻草制备的黏结剂生产型煤。

（二）生物质化学转化技术

1. 生物质直接燃烧技术

生物质直接燃烧技术是生物质能源转化中相当古老的技术，人类对能源的最初利用就是从木柴燃火开始的。传统生物质直燃技术虽然在一定时期内满足了人类取暖饮食的需要，但普遍存在能量的利用率低、规模小等缺点。

（1）生物质现代化燃烧技术。

当生物质燃烧系统的功率大于 100 千瓦时，例如在工业过程、区域供热、发电及热电联产领域，一般采用现代化的燃烧技术。工业用生物质燃料包括木材工业的木屑和树皮、甘蔗加工中的甘蔗渣等。目前法国、瑞典、丹麦、芬兰和奥地利是利用生物质能供热最多的国家，利用中央供热系统通过专用的网络为终端用户提供热水或热量。

（2）生物质直燃发电技术。

现代生物质直燃发电技术诞生于丹麦。20 世纪 70 年代的世界石油危机以来，丹麦推行能源多样化政策。该国 BWE 公司率先研发秸秆等生物质直燃发电技术，并于 1988 年诞生了世界上第一座秸秆发电厂。该国秸秆发电技术现已走向世界，被联合国列为重点推广项目。

在发达国家，目前生物质燃烧发电占不包括水电的其他可再生能源发电量的 70%，例如，在美国与电网连接以木材为燃料的热电联产总装机容量已经超过 7 吉瓦。目前，我国生物质燃烧发电也具有了一定的规模，主要集中在南方地区，许多糖厂利用甘蔗渣发电。例如，广东和广西两省共有小型发电机组300余台，总装机容量800兆瓦，云南省也有一些甘蔗渣电厂。

（3）固体废弃物焚烧利用。

固废焚烧利用就是使固体废弃物在焚烧炉中充分燃烧，再将燃烧释放出来的热量通过供暖或者发电加以利用的一种处理方法。通过焚烧处理，固体废物的剩余物体积减小90%以上，质量减少80%以上。一些危险固体废物焚烧后，可以破坏其组织结构或杀灭病菌，减少新的污染物的产生，避免二次污染。所以固体废物通过焚烧处理，能同时实现减量化、无害化和资源化，是一种重要的处理途径。

2. 生物质制取乙醇技术

（1）水解法。

制取燃料乙醇的生物质主要是纤维素，而纤维素废弃物的主要有机成分包括半纤维素、纤维素和木质素三部分，前二者都能被水解为单糖，单糖再经发酵生成乙醇。生物法制取乙醇技术具有选择性、活性好、反应条件温和等优点，但原料利用率低，反应时间长，产物浓度低及酶、微生物活性易受影响，且纤维素降解和单糖转化所需酶、微生物适于不同反应条件，不能很好耦合。

（2）生物质合成气制取纤维素乙醇法。

生物质合成气制备乙醇的方法集成了热化学和生物发酵两种工艺过程。通过气化反应装置把生物质转化成富含 CO、CO_2 和 H_2 的生物质合成气，再通过化学催化转化或微生物发酵技术将其转化为乙醇。

化学法生物质合成气制乙醇法具有原料利用率高，反应时间短，催化剂构成简单，没有严格反应条件限制，但为高温、高压过程，对设备要求高。采用化学催化法经由木质纤维素衍生合成气制备乙醇具有潜在经济、技术、过程、效益优势，易于短期内实现工业化等技术优点。

3. 生物质热解与直接液化技术

生物质热解是指生物质在没有氧化剂（空气、氧气、水蒸气等）存在或只提供有限氧的条件下，加热到500℃，通过热化学反应将生物质大分子物质（木质素、纤维素和半纤维素）分解成较小分子的燃料物质（固态炭、可燃气、生物油）的热化学转化技术方法。生物质热解的燃料能源转化率可达95.5%，最大限度地将生物质能量转化为能源产品，物尽其用，而热解也是燃烧和气化必不可少的初始阶段。

生物质制取生物油目前主要通过热裂解技术实现，目前在我国主要处于试验研究阶段。生物质热解液化可分为慢速热裂解和快速热裂解。与慢速热裂解产物相比，快速热裂解的传热过程发生在极短的原料停留时间内，从而最大限度地增加了液态生物油的产量。目前国内外达到工业示范规模的生物质热解液化反应器主要有流化床、循环流化床、烧蚀、旋转锥反应器等。

生物质直接液化是在较高压力下的热化学转化过程，温度一般低于快速热解，热体产物的高位热值可达25～30兆焦/千克，明显高于快速热解液化，但因其技术成本高目前还难以商业化。

生物质热解液化所得液体燃料习惯上称为生物柴油，可以直接作为燃料使用，也可以转化为品位更高的液体燃料或价值更高的化工产品。生物柴油的研究与开发起步晚，有望在今后几十年中迅速发展起来，形成生物柴油产业。

4. 生物质气化技术

生物质气化即通过化学方法将固体的生物质在高温下部分氧化转化为气体燃料，根据机理不同可分为热解气化和反应性气化。生物质热解气化可将生物质原料转化为以 CO 和 H_2 为主的气体燃料，可直接转换实现燃气、热能和电能的供给。同时燃气可以通过甲烷化反应，进而制备高品质生物质合成天然气，是生物质能开发的重要技术途径。

当前，生物质气化技术被广泛研究和应用于发电和集中供热。国内应用的生物质气化炉主要包括流化床和下吸式固定床两种类型。其中流化床具有反应速度快、生产能力大等优点，然而其具有结构比较复杂、设备投资较大、对原料种类和粒度要求严格等缺点，目前主要应用于稻壳和林木加工剩余木粉的发电。下吸式固定床气化炉具有原料适应范围广、焦油含量低等优点，在国内推广应用较为广泛。流化床气化炉比固定床气化炉具有更好的经济性，应成为今后生物质气化研究的方向。

在我国，将农林固体废弃物转化为可燃气的技术已初见成效，应用于集中供气、供热、发电方面。

5. 生物质生物转换技术

（1）沼气技术。

生物质沼气是生物质转化技术中历史最长、最具实用性的技术。沼气技术利用秸秆、生活垃圾或者生物粪便等有机物经过封闭式的厌氧发酵，发酵后产生能燃烧的气体就是沼气。沼气的成分非常混杂，由50%～80%甲烷（CH_4）、

20%～40%二氧化碳（CO_2）、0%～5%氮气（N_2）、小于1%的氢气（H_2）、小于0.4%的氧气（O_2）与0.1%～3%硫化氢（H_2S）等气体组成，可用作生活燃气或工业用气。生物质沼气存在的缺点是气体中氢气/一氧化碳值较低。沼气开发利用主要有农业沼气、工业沼气、城市下水道污水沼气和城市垃圾沼气。目前，我国四川等地在农村已普遍使用了较为实用的沼气池。

（2）生物乙醇。

生物乙醇是指通过微生物的发酵将各种生物质转化为燃料酒精。它可以单独或与汽油混配制成乙醇汽油作为汽车燃料。目前的工业化生产的燃料乙醇绝大多数是以粮食作物为原料的，从长远来看具有规模限制和不可持续性。以木质纤维素为原料的第二代生物燃料乙醇是决定未来大规模替代石油的关键。

（三）生物质发电技术

生物质发电将废弃的农林剩余物和垃圾等废弃物收集加工整理，形成商品，对缓解我国能源供应和环境保护意义重大。如果我国生物质能利用量达到5亿吨标准煤，就可解决目前我国能源消费量的20%以上，每年可减少排放二氧化碳近3.5亿吨，二氧化硫、氮氧化物、烟尘减排量近2500万吨，将产生巨大的环境效益。

生物质发电主要有如下几种形式：

1. 沼气发电

沼气发电是通过管道将沼气输送到发电机组的发动机（内燃机形式）进行燃烧做功，带动发电机的转子绕组完成发电，规模发电时可并网供电。

沼气发电的形式，按沼气机所用燃料的不同分为单燃机（即电火花点火式）和双燃机（即液体燃料引燃式）两种。单燃机是用沼气单一燃料，要有一个点火系统，不需高压喷油系统，采用煤气机或汽油机最简单，在空气进口处加上一个沼气—空气混合器即可，完全用沼气代替煤气或汽油作燃料，便能正常运行。双燃机是用沼气和柴油两种燃料，以沼气为主，少量柴油用来引燃。这种机主要是利用柴油机压燃的特点，一般用柴油机改装，只在空气进口处，加上沼气—空气混合器即可，不用作其他改装。

我国沼气发动机一般是由柴油机或汽油机改制而成，分为压燃式和点燃式两种。压燃式发动机采用柴油/沼气双燃料，通过压燃少量的柴油以点燃沼气进行燃烧做功。这种发动机的特点是可调节柴油/沼气燃料比，当沼气不足甚至停气时，发动机仍能正常工作。缺点在于系统复杂，所以大型沼气发电工程往往不采用这种发动机，而多采用点燃式沼气发动机。点燃式沼气发动机也称全烧式沼气发动机，其特点是结构简单，操作方便，而且无须辅助燃料，适合在城市的大、中型沼气工程条件下工作，所以这种发动机已成为沼气发电技术实施中的主流机组。

2. 垃圾焚烧发电

垃圾焚烧发电指的是，生活垃圾由进入焚烧炉内经过干燥段、燃烧段和燃尽段所构成的多极炉排，有效地进行焚烧，焚烧后产生的高温烟气经余热锅炉产生高温高压蒸汽，推动汽轮发电机组发电。

城市垃圾焚烧发电技术要求比较严格，既要做到经济效益的最大化，又要保证每一道工序的标准执行，避免二次污染的出现，因此垃圾焚烧发电要运用到多种较先进的技术。

与传统的垃圾处理方法相比，垃圾焚烧发电处理具有如下优点：①垃圾焚烧时，焚烧炉内温度一般为900℃左右，炉心的最高温度一般可达1000℃以上，经过焚烧，垃圾中的病原菌被彻底杀灭，达到无害化目的。②垃圾焚烧后，体积可减少85%～95%，达到减量化的目的。③垃圾焚烧发电处理，除在焚烧前进行金属回收外，还利用了焚烧炉余热发电，可补充当地电能不足，有的还利用余热实现区域供热，达到资源化的目的。

垃圾焚烧发电的必要工序，主要包括：①垃圾预处理分选。②滤沥液处理，一般采用渗沥液热力法处理技术。③垃圾焚烧技术，目前世界上主要的垃圾焚烧炉主要有机械炉排炉和流化床炉。④能量利用，一般采用余热锅炉产汽，多级蒸汽轮机技术。⑤烟气处理，主要为烟气中的重金属和二噁英去除技术，目前对于二噁英还主要限于通过控制炉内燃烧工况来处理，而在尾气中采用活性炭来吸附二噁英，并最终由袋式除尘器除去重金属和二噁英，因此应严格监控尾气的除尘质量以避免引起二次污染。⑥灰渣处理，灰渣属于不含细菌的惰性物质，可以直接填埋处理，也可用于筑路或制砖等。

3. 生物燃气发电

生物质气化发电技术的基本原理是把生物质转化为可燃气，再利用可燃气在改装的内燃机或燃气轮机等内燃动力设备燃烧进行能量转化，输出的机械功再带动发电设备进行发电，其主要形式是简单系统、联合循环发电系统。它既能解决生物质难于燃用而且分布分散的缺点，又可以充分发挥燃气发电技术设备紧凑而且污染少的优点。

生物质气化发电技术具有三个方面的特点：

一是技术有充分的灵活性。由于生物质气化发电可以采用内燃机，也可以采用燃气轮机，甚至可以结合余热锅炉和蒸汽发电系统，所以生物质气化发电可以根据规模的大小选用合适的发电设备，保证在任何规模下都有合理的发电效率。这一技术的灵活性能很好地满足生物质分散利用的特点。

二是具有较好的洁净性。生物质本身属可再生能源，可以有效地减少CO_2、SO_2等有害气体的排放。而气化过程一般温度较低（在700℃~900℃），氮氧化物的生成量很少，所以能有效控制氮氧化物的排放。

三是具有较好的经济性。生物质气化发电技术的灵活性，可以保证该技术在小规模下有较好的经济性，同时，燃气发电过程简单，设备紧凑，因此生物质气化发电技术比其他新能源发电技术投资更小。

4. 生物质直燃发电

生物质直燃技术是首先将要进行燃烧的生物质作预处理，然后在锅炉炉膛中燃烧产热，水在锅炉的水冷壁中吸收热量，生成高温高压的过热蒸气，蒸气推动后面的汽轮机做机械功并带动发电机组完成发电，符合入网条件的并网供电。

生物质发电技术与煤炭发电最主要的区别就是燃烧设备的不同。目前生物质直燃发电采用比较多的燃烧设备是炉排燃烧（层燃炉）和流化床燃烧（流化炉）。流化床燃烧方式与层燃方式相比有效率高、调节控制更灵活等优点。燃烧生物质类的流化床锅炉与普通燃煤的流化床锅炉有很多不同之处，因此在研究开发中应当结合实际情况进行设计。

（四）生物质能利用现状

我国目前生物质能利用现状如下：

（1）沼气。

到2005年年底，全国户用沼气池已达到1800万户，年产沼气约70亿立方米；建成大型畜禽养殖场沼气工程和工业有机废水沼气工程约1500处，年产沼气约10亿立方米。沼气技术已从单纯的能源利用发展成废弃物处理和生物质多层次综合利用，并广泛地同养殖业、种植业相结合，成为发展绿色生态农业和巩固生态建设成果的一个重要途径。沼气工程的零部件已实现了标准化生产，沼气技术服务体系已比较完善。

（2）生物质发电。

到2005年年底，全国生物质发电装机容量约为200万千瓦，其中，蔗渣发电约170万千瓦、垃圾发电约20万千瓦，其余为稻壳等农林废弃物气化发电和沼气发电等。在引进国外垃圾焚烧发电技术和设备的基础上，经过消化吸收，现已基本具备制造垃圾焚烧发电设备的能力。引进国外设备和技术建设了一些垃圾填埋气发电示范项目。但总体来看，我国在生物质发电的原料搜集、净化处理、燃烧设备制造等方面与国际先进水平还有一定差距。

（3）生物液体燃料。

我国已开始在交通燃料中使用燃料乙醇，以粮食为原料的燃料乙醇年生产能力为102万吨；以非粮食原料生产燃料乙醇的技术已初步具备商业化发展条件。以餐饮业废油、榨油厂油渣、油料作物为原料的生物柴油生产能力达到年产5万吨。

随着《可再生能源法》和相关可再生能源电价补贴政策的出台和实施，新建生物质发电项目在15年内享受0.25元/度的价格补贴。在此政策激励下，中国生物质发电投资热情迅速高涨，启动建设了各类农林废弃物发电项目。至2008年9月，包括拟建项目在内已有106项，容量近3000兆瓦。

中国已经开发出多种固定床和流化床气化炉，以秸秆、木屑、稻壳、树枝为原料生产燃气。2006年用于木材和农副产品烘干的有800多台，村镇级秸秆气化集中供气系统近600处，年生产生物质燃气2000万立方米。

据2008年6~11月电监会组织检查的统计数字，截至2007年年底，全国生物质能发电装机容量为1080兆瓦，占当年全国总装机容量的0.15%；生物质能发电量为42.5亿度，占总发电量的0.13%。

表4-3 生物质能的技术现状

技术类型	技术路线	技术成熟度	主要优点	主要问题
发电技术	直接燃烧	产业化技术	技术成熟，大规模下经济性好	小型下效率低，进口设备成本较高
	气化发电	示范技术	小规模下效率高	技术复杂，B/IGCC系统投资太高
	混烧发电	产业化技术	规模灵活，经济性较好	必须与燃煤电厂结合，应用受到限制
	气化燃料电池系统	前沿技术	分布式系统，洁净高效	技术未成熟，受燃料电池技术发展制约

（续表）

技术类型	技术路线	技术成熟度	主要优点	主要问题
液化技术	粮食或糖制酒精	产业化技术	技术成熟，产品质量稳定	成本过高，受粮食产量和农业生产制约
	纤维素制酒精	示范技术	产品质量稳定，原料丰富，发展前景较好	成本过高，有一定的污染问题
	生物柴油	产业化技术	技术成熟，产品质量稳定	成本过高，受油料生产制约
	间接液化（甲醇、柴油、DME等）	示范技术	单项技术较成熟，产品质量稳定，原料丰富，发展前景较好	生产过程复杂，技术未稳定；目前成本仍比化石原料高
	直接液化	示范技术	工艺简单，原料丰富，成本较低	产品不稳定，质量较差，使用困难

目前生物质发电存在的主要问题有：

（1）大中型农林生物质发电项目受到资源分布条件制约，又未能鼓励低成本的生物质发电技术/项目。

2007 年以后的新建和拟建项目单机发电规模绝大多数采用 12 ~ 15 兆瓦，目前中国生物质直燃发电项目的发电装机规模多数介于 24 ~ 50 兆瓦。

（2）生物质发电上网电价水平与资源水平错位。

由于生物质发电采取在煤电标杆电价加上固定补贴的扶持价格政策，导致上网电价水平与资源水平错位现象，即一些生物质资源丰富地区的生物质发电价格低，而电价高的地区不适合生物质发电。

（3）主要设备国产化水平仍然偏低。

目前，中国直接燃烧发电大部分采用进口设备，国外技术及设备占 60% 以上，加大了利用生物质能的成本。

目前生物质能的技术现状如表 4 – 3。

三、生物质能技术应用前景

生物质能应用技术的研究开发，现阶段主要是从生态环境、环境保护的角度出发，从中长期来看，将要弥补资源有限性的不足。因此，生物质能源的开发利用，其社会效益远远大于经济效益。在目前发展阶段，需要国家的政策扶持和财力支撑。应制定相关政策，鼓励和支持企业投资生物质能源开发项目。

1. 生物质能应用技术发展前景

从国外生物质能利用技术的研究开发现状，结合我国现有技术水平和实际情况来看，我国生物质能应用技术将主要在以下几方面发展。

（1）高效直接燃烧技术和设备。

我国有13亿多人口，绝大多数居住在广大的乡村和小城镇，其生活用能的主要方式仍然是直接燃烧。剩余物秸秆、稻草等物料，是农村居民的主要能源，开发研究高效的燃烧炉，提高使用热效率，仍将是应予解决的重要问题。乡镇企业的快速兴起，不仅带动农村经济的发展，而且加速化石能源，尤其是煤的消费，因此开发改造乡镇企业用煤设备（如锅炉等），用生物质替代燃煤在今后的研究开发中应占有一席之地。

（2）集约化综合开发利用。

生物质能尤其是薪材不仅是很好的能源，而且可以用来制造出木炭、活性炭、木醋液等化工原料。大量速生薪炭林基地的建设，为工业化综合开发利用木质能源提供了丰富的原料。这种生物质能的集约化综合开发利用，既可以解决居民用能问题，又可通过工厂的化工产品生产创造良好的经济效益，也为农村剩余劳动力提供就业机会。因此，从生态环境和能源利用角度出发，建立能源林基地，实施“林能”结合工程，大力发展能生产“绿色石油”的各类植物，如油棕榈、木戟科植物等，为生物质能利用提供丰富的优质资源。

（3）生活垃圾的开发利用。

生活垃圾数量以每年8%～10%的速度快速递增，工业化开发利用垃圾来发电，焚烧集中供热或气化产生煤气供居民使用，垃圾能源的规模化利用与示范推广有很大的发展潜力。

（4）生物质热解液化的实用化。

生物质热解液化不但可以提供初级化工产品，而且可以减轻化石能源枯竭带来的能源危机，是今后的主要研究方向之一。此外，利用热解气合成甲醇、乙醇也是今后的研究方向。

2. 生物质能的生产和利用前景

在2007年公布的《可再生能源中长期发展规划》中，有关生物质能开发利用的目标包括：2010年，生物发电的装机容量达到550万千瓦，生产生物质固体成型燃料100万吨；2020年生物发电的装机容量达到3000万千瓦，生产生物质固体成型燃料5000万吨；沼气年利用量达到440亿立方米，生物燃料乙醇年利用量达到1000万吨，生物柴油年利用量达到200万吨。促进我国可再生能源装备技术产业的发展，到2020年左右形成具自主知识产权的装备生产能力。

为了实现上述规划目标，在国家政策的激励下，未来15年内，我国农林固体生物质燃料的生产和利用产业必将得到快速发展，其发展领域主要集中在生物质燃料发电、农村能源和工业锅炉三个方面。

（1）生物质燃料发电。

生物质燃料发电的技术和装备将实现国产化。主要的技术和设备有：

①纯燃生物质燃料锅炉。为了实现锅炉产品的国产化，国内科研、设计、制造部门需要密切合作。在锅炉设计方法、制造工艺、使用材料和调整运行等方面独立研发，形成具有自主知识产权的产品系列。根据生物质燃料的资源和供应特点，单台锅炉的最大容量不宜超过220吨/小时。②混燃煤—生物物质燃料锅炉。由于对生物发电的燃料消耗量的计量、监管和审计存在一定的难度，国家目前的政策只对纯燃生物质发电项目的上网电价给予补贴。但是，纯燃生物质电厂的燃料供应受当地气候和农业种植结构变化的影响，燃料价格也受供需市场因素的制约，使机组的稳定、经济运行存在较大的风险。为了降低上述风险，保证电厂燃料供应和价格的稳定，国外的经验表明，进行生物质—煤混烧发电是一个较理想的技术选择。通过对现有电厂的煤粉锅炉/循环流化床锅炉/层燃锅炉，以及燃料制备系统进行适当改造，就可实现混燃发电，不仅燃料保障灵活，而且可以大幅度降低初投资，降低生物质发电成本。③电厂生物燃料制备、输送及烟气净化设备的优化。燃料制备装置将会向着简约化，规模化的趋势发展。目前各种生物燃料转化方法和设备都不同程度地存在着成本偏高的问题，因此，寻找更经济、可靠、简单的燃料转化方式，将是今后的一大热门课题。烟气净化设备的性能是人们普遍关注的，在环保标准不断提高的今天，提高布袋除尘和静电除尘技术性能和经济性已是时势所趋。④锅炉运行过程的监测，控制与仿真系统。

（2）农村能源。

在农村能源方面主要是为农村居民种植养殖单位提供炊事和供暖的生物体燃料成型设备系统和燃烧设备。成型设备系统包括粉碎机、成型机、物料搅拌和输送设备、产品干燥设备、包装机及相应的电控设备等。燃烧设备是高效、清洁、便于操作的成型燃料炊事炉。小型化是这些设备在农村得到推广使用的关键因素。在农村生产农林固体生物质成型燃料除了农民自用外，在资源丰富的地方，还可为小城镇居民、用煤城区居民、地方工厂、生物质电厂提供燃料。

（3）工业锅炉。

在一些规定不能烧煤的区域，如城市中心区、旅游区、自然保护区，对 7 兆瓦以下的工业锅炉，用木质生物质成型燃料代替燃油、燃气进行供热，不仅可以大幅度降低燃料成本，还能保证烟气达标排放。小型生物质成型燃料锅炉的热效率完全可以达到燃油、燃气锅炉的水平。开发生物质成型燃料新型锅炉，改造燃油、燃气锅炉，将是工业锅炉发展的新机遇。

有关专家估计，生物质能极有可能成为未来可持续能源系统的组成部分，到 21 世纪中叶，采用新技术生产的各种生物质替代燃料将占全球总能耗的 40% 以上。

第五章　地热能

一、基础知识

（一）地热能的概念

地热能是蕴藏于地球内部的天然热能，这种能量来自地球内部的熔岩，并以热力形式存在，是引致火山爆发及地震的能量，地球通过火山爆发和温泉外溢等途径，将其内部蕴藏的热能源源不断地输送到地面上来。地球内部的温度高达7000℃，而在80～100千米的深度处，温度会降至650℃～1200℃。透过地下水的流动和熔岩涌至离地面1～5千米的地壳，热力得以被转送至较接近地面的地方。高温的熔岩将附近的地下水加热，这些加热了的水最终会渗出地面。运用地热能最简单和最合乎成本效益的方法，就是直接取用这些热源，并抽取其能量。

地热资源是指在当前技术经济和地质环境条件下，地壳内能够科学、合理地开发出来的岩石中的热能量和地热流体中的热能量及其伴生的有用组分。

地热能与其他能源相比有显著的优势和特点：

（1）分布广，储量丰富。

据估计，地球内部99%的物质处于1000°C以上的高温状态，只有不到1%处于100°C以下，尽管其中可利用部分很小，但仅利用现有技术可以开发利用的地热能就大于目前所有化石能源储量30倍以上，因此地热能是一种储量极其丰富的替代能源。我国地热可开采资源量为每年68亿立方米，所含地热量为973万亿千焦耳。

（2）稳定可靠。

由于地热能蕴藏于底层内，不易受外部自然环境因素的影响，易于实现可控制的持续开采，提供持续稳定的能源供应，这是大规模能源供应网络运行所必须具有的条件。而目前备受重视的风能和太阳能，为克服其自身具有的时间、空间和强度波动，必须附加昂贵的缓冲和调控装置，而且如用于大规模能源网络，还必须配备具有足够功率储备的调峰电站，或附加可储存位能、氢能等的储能装置，导致系统复杂、成本上升、能源利用率下降。

（3）技术相对成熟。

由于近十余年大陆深钻科学研究项目的带动，开发利用地热能的关键技术——大尺度精确深钻技术已经取得突破，钻探成本明显降低，钻探精度大大提高，为开发利用地热能提供了可靠的技术支持，并且使可利用地热能的质量和数量以及分布区域大大扩展。在我国的地热资源开发中，经过多年的技术积累，地热发电效益显著提升。除地热发电外，直接利用地热水进行建筑供暖、发展温室农业和温泉旅游等利用途径也得到较快发展。全国已经基本形成以西藏羊八井为代表的地热发电、以天津和西安为代表的地热供暖、以东南沿海为代表的疗养与旅游和以华北平原为代表的种植和养殖的开发利用格局。

（4）有利于可持续发展。

地热能是一种零排放且无二次污染的能源，相比较其他替代能源，有更加符合可持续发展的要求的优点而很少其他能源的缺陷。地热能不但是无污染的清洁能源，而且如果热量提取速度不超过补充的速度，那么热能还可以是可再生的。地热能大部分是来自地球深处的可再生性热能，它起于地球的熔融岩浆和放射性物质的衰变。岩浆/火山的地热活动的典型寿命可达0.5万~100万年以上。这么长的寿命使地热源成为一种再生能源。

（二）地热能资源及其分布

1. 国内地热能资源及其分布

地热来源主要是地球内部长寿命放射性同位素热核反应产生的热能。按照其储存形式，地热资源可分为蒸汽型、热水型、地压型、干热岩型和熔岩型五大类。地热资源十分丰富，约为全球煤热能的1.7亿倍，仅地壳最外层10千米范围内就储有12.6×10^{26}焦的能量（相当于4.6×10^{16}吨标煤），是全世界现产煤炭总发热量的2000倍。以地下3千米以内的地热来说，即使按1%的利用率来计算，也相当于29000亿吨标煤的能量。按照地热资源的分布，全球有五个著名的地热带，即：环太平洋地带、大西洋中脊地热带、红海—亚丁湾—东非裂谷型地热带、地中海—喜马拉雅缝合线型地热带和中亚地热带。

我国已查明的地热资源相当于2000万亿吨标准煤。从技术经济角度，目前地热资源勘查的深度可达到地表以下5000米，其中，2000米以上为经济型地热资源，2000~5000米为亚经济型地热资源。资源总量为：可供高温发电的约5800兆瓦以上，可供中低温直接利用的约2000亿吨标煤当量以上，总量上我国是以中低温地热资源为主。

几十年来，地矿部门列入国家计划，进行重点勘探，进行地热储量评价的大、中型地热田有50多处，主要分布在京津冀、环渤海地区、东南沿海和藏滇地区。西藏、云南、四川、广东、福建等地的温泉多达1503处，占全国温泉总数的61.3%。在全国121个水温高于80℃的温泉中，云南、西藏占62%，广东、福建占18.2%，其他省区不足1/5。

根据地热资源成因，我国地热资源分为如下几种类型：

（1）近现代火山型。

近现代火山型地热资源主要分布在台湾北部大屯火山区和云南西部腾冲火山区。腾冲火山高温地热区是印度板块与欧亚板块碰撞的产物。台湾大屯火山高温地热区属于太平洋岛弧之一环，是欧亚板块与菲律宾小板块碰撞的产物。在台湾已探到293℃高温地热流体，并在靖水建有装机3兆瓦地热试验电站。

（2）岩浆型。

在现代大陆板块碰撞边界附近，埋藏在地表以下6~10千米，隐伏着众多的高温岩浆，成为高温地热资源的热源。如在我国西藏南部高温地热田，均沿雅鲁藏布江即欧亚板块与印度板块的碰撞边界出露，就是这种生成模式的较典型的代表。西藏羊八井地热田ZK4002孔，在井深1500~2000米处，探获329.8℃的高温地热流体；羊易地热田ZK203孔，在井深380米处，探获204℃高温地热流体。

（3）断裂型。

主要分布在板块内侧基岩隆起区或远离板块边界由断裂形成的断层谷地、山间盆地，如辽宁、山东、山西、陕西以及福建、广东等。这类地热资源的成生和分布主要受活动性的断裂构造控制，热田面积一般几平方千米，甚至小于1平方千米。热储温度以中温为主，个别也有高温，单个地热田热能潜力不大，但点多面广。

（4）断陷、坳陷盆地型。

主要分布在板块内部巨型断陷、坳陷盆地之内，如华北盆地、松辽盆地、江汉盆地等。地热资源主要受盆地内部断块凸起或褶皱隆起控制，该类地热源的热储层常常具有多层性、面状分布的特点，单个地热田的面积较大，几十平方千米，甚至几百平方千米，地热资源潜力大，有很高的开发价值。

地质调查证明，我国盆地型地热资源潜力在2000亿吨标准煤当量以上。全国已发现地热点3200多处，打成的地热井2000多眼，其中具有高温地热发电潜力有255处，预计可获发电装机5800兆瓦，现已利用的只有近30兆瓦。

中国一般把地热资源按温度进行划分，根据地热水的温度可将地热能划分为高温型（>150℃）、中温型（90℃～150℃）和低温型（<90℃）三大类，高温地热资源主要用于地热发电，中、低温地热资源主要用于地热直接利用。

根据地热资源的温度，全国已发现：

（1）高温地热系统，可用于地热发电的有255处，总发电潜力为5800兆瓦（30年），近期可以开发利用的10余处，发电潜力300兆瓦。

（2）中低温地热系统，可用于直接利用的2900多处，其中盆地型潜在地热资源埋藏量，相当于2000亿吨标准煤当量。主要分布在松辽盆地、华北盆地、江汉盆地、渭河盆地等以及众多山间盆地如太原盆地、临汾盆地、运城盆地等，还有东南沿海福建、广东、赣南、湘南、海南岛等。

2. 广东省地热能资源及其分布

广东省地热资源丰富，按国土单位面积计算排序，仅次于台湾和云南，位居全国第三，开发前景看好。有关资料显示，地热资源量达每天57.11万立方米；经勘查评价的地热田17个，总面积1463平方千米，初步探明的地热资源量为每天18.83万立方米。这些地热田中，除了有我国第一个地热发电站——丰顺邓屋地热田和从化温泉等名泉之外，还有湛江、茂名、恩平、清新、阳江新洲、台山和增城等一批经济价值高、开发潜力大的地热田。

广东省处于环太平洋地热带上，地质构造存在多条断裂带，例如：电白—龙川带、广州—从化—海陵带、北东向的莲花山带等。其中，莲花山断裂带横贯深圳、珠海、中山等珠江三角洲地区。在中山横栏的西南、新会南部、珠海斗门东南、沙湾南部等地都是形成较大型地热田的远景规划区。

20世纪60年代以来，地质勘查部门对广东省地热资源进行了大量调查工作。到目前为止，全省共发现地热泉点约270处，温泉水天然流量总和超过每天8万吨，其中温度超过80℃的有近30处。广东省的地热资源基本属于100℃

以下的裂隙水热型，单个热田的面积大多不超过1平方千米，可采水量通常小于10000吨/天。广东省内有5个已知井口温度超过90℃的地热资源点，如表5－1所示，但周围均有已建或在建大型温泉酒店，地热资源分流严重，投资建设浅层水热型商业地热电站有一定难度。

表5－1 广东省部分温度较高地热资源点统计

地点	井口水温/摄氏度	深度/米	可利用流量/（吨/天）	利用现状
丰顺邓屋	91	800	5980	发电、洗浴
丰顺丰良	92	620	6300	洗浴、干燥
潮安东山湖	102	227	3500	养鱼、疗养
阳江新洲	102	309	4500	洗浴、养殖
珠海金鼎	101	100	不明	洗浴

（三）地热能的利用形式

对于地热能的开发利用，目前主要是在发电、采暖、育种、温室栽培和洗浴等方面，一般可分为直接利用和地热发电两大类。

地热能直接利用非常广泛。在工业上，地热能可用于干燥、供暖、加热、制冷、脱水加工、提取化学元素、海水淡化等方面；在农业生产上，地热能可用于温室育苗、栽培作物、养殖禽畜和鱼类等；在浴用医疗方面，人们早就用地热矿泉水医治皮肤病和关节炎等，不少国家还设有专供沐浴医疗用的温泉。

利用地热能来进行发电其好处很多：建造电站的投资少，通常低于水电站；发电成本比火电、核电及水电都低；发电设备的利用时间较长；地热能比较干净，不会污染环境；发电用过的蒸汽和热水，还可以再加以利用，如取暖、洗浴、医疗、化工生产等。

二、地热直接利用技术

（一）地热供暖技术

1. 地热水供暖

地热水供暖是指以地下热水（温泉水）作为热源的城市集中供热方式。地热水供热利用方式简单、经济性好，与其他能源供热方式相比，它还具有节省矿物燃料、不造成城市大气污染等优点，作为一种可供选择的新能源，其开发和利用正在受到重视，特别是位于高寒地区的西方国家。地热水供暖是目前地热能最广泛的利用形式之一。

开发利用得最好、最早发展大规模地热水供热的国家是冰岛，该国首都雷克雅未克早在 1928 年就建成了世界上第一个地热供热系统，现今这一供热系统已发展得非常完善，每小时可从地下抽取 7740 吨 80℃的热水，供全市 11 万居民使用。由于没有高耸的烟囱，冰岛首都已被誉为世界上最清洁无烟的城市。

此外，匈牙利、日本、新西兰、美国、俄罗斯等许多国家都有地热水供热系统。中国在 70 年代初开始试验地热水供热，先后在天津和北京地区开采地热水，用于采暖、洗澡、农业温室以及毛纺厂的产品洗涤等，发展也非常迅速，在京津地区已成为地热利用中最普遍的方式。

地热水供暖系统有不回灌和回灌两种：不回灌系统只设置开采井，抽出的地热水被送往用户，经利用后废弃；回灌系统设置开采井和回灌井，开采井抽出的水在用户放出热量后再返回回灌井，井和井之间保持一定距离，以免相互干扰。

按利用方式可分为直接利用和间接利用两种：直接利用是把来自地热井的地热水，经过管道直接引入热用户系统；间接利用是通过表面式换热器，以地热水加热二次水，二次水进入热用户系统循环供热。直接利用的地热水供热系统，优点是系统简单，基建投资少，但大量开采会由于地下水补给不足而使水位逐年下降，以及由于地热水中含有硫化氢等成分而对系统的管道和设备造成腐蚀，因此要求地热水供水稳定，水质好，无腐蚀性。间接利用的地热水供热系统，其优点是排水回灌能保持地下含水层水位不下降，换热器后的用热系统的管道和设备不受腐蚀，从而可延长使用寿命和减少维修费用，但系统较复杂，基建投资较高。

地热水供热的经济性主要取决于从地热井提取的热量，即取决于利用温差的大小。为了使地热井发挥最大经济效益，在设计上通常采用如下措施，扩大供热面积和降低热成本：①在系统中设置高峰加热设备，地热水只承担采暖的基本负荷，高峰负荷由燃用矿物燃料的锅炉或电力设备，包括电加热器或热泵，升温补足。②在系统中加蓄热装置，如蓄热水箱/水池等，以调节短时期内的负荷变化。③实现多种用途的综合利用，如把采暖后的低温地热水再用于农业温室的土壤加热或养鱼等，以降低排放或回灌水的温度。

2. 地热温室

地热温室主要用于农业。地热温室的加热由地热水来完成，用于地热温室的地热水的温度可以低到30℃，很少超过100℃。温带地区温室保温用的矿物燃料成本一般占产品价格的15%~20%，因此地热温室具有巨大的经济效益。

地热温室有两种类型：一种是利用放热地面建温室；另一种是利用热水作为热源建立温室，多数为地上加温，也可利用地上供暖后的热水再通过地下管道为土壤加温。地热温室的结构形式绝大部分为单屋面钢骨架塑料薄膜温室，夜间尚需加盖草帘，进行保温。

3. 地热热风供暖

地热热风供暖即将地热水通过风机加热房间，适用于热需求量大的建筑物或有防水要求的供暖场合。供暖的热风系统可分为集中送风式和分散加热式。集中送风式是将空气在一个大的热风加热器中用地热水加热，再送到各个供暖房间；分散加热式是将地热水引向各个房间的暖风机或风机盘管系统，以加热房间的空气。

（二）地源热泵技术

1. 基本概念

地源热泵技术是一种利用浅层地热资源的，既可供热又可制冷的高效节能的空调技术。地源热泵可以直接利用地热水，也可以利用土壤作为低温热源，即在土壤中埋管吸收热能通过热泵向室内供暖和供热水。根据《地源热泵系统工程技术规范》（GB 50366—2005）规定，地源热泵系统是指，以岩土体、地下水或地表水为低温热源，由水源热泵机组、地热能交换系统、建筑物内系统组成的供热空调系统。

由于全年地温波动小，冬暖夏凉，因此地热可分别在冬季作为热泵供暖的热源和夏季空调的冷源，即冬季从土壤中采集热量，提高温度后供给室内采暖；夏季从土壤中采集冷量，把室内多余热量取出释放到地能中去。

由于空气源热泵在冬季性能急剧下降，且易发生结霜结冻等问题影响热泵的运行，因此地源热泵正日益得到重视和推广应用。

2. 主要类型

根据地热能交换系统形式的不同，地源热泵系统分为地埋管地源热泵系统、地下水地源热泵系统和地表水地源热泵系统。

（1）地埋管地源热泵系统。

地埋管地源热泵系统包括一个土壤耦合地热交换器，它或是水平地安装在地沟中，或是以U形管状垂直安装在竖井之中。它通过循环液（水或以水为主要成分的防冻液）在封闭地下埋管中的流动，实现热泵系统与大地之间的传热。

其优点是系统不受地下水量的影响，对地下水没有破坏或污染作用，系统运行具有高度的可靠性和稳定性。主要缺点是：由于管壁传热温差的存在，机组冬季运行条件相对较差，降低了运行效率；埋地换热器受土壤性质影响较大；连续运行时，性能受土壤温度变化的影响而发生波动；埋地换热器的面积较大等。

（2）地下水地源热泵系统。

地下水地源热泵系统分为两种，一种通常被称为开式系统，另一种则为闭式系统。开式地下水地源热泵系统是将地下水直接供应到每台热泵机组，之后将井水回灌地下，由于可能导致管路阻塞，更重要的是可能导致腐蚀发生，通常不建议在地源热泵系统中直接应用地下水。在闭式地下水地源热泵系统中，地下水和建筑内循环水之间是用板式换热器分开的，它的优点是：系统简便易行，综合造价低，水井占地面积小，可以满足大面积建筑物的供暖空调的要求。缺点是：地下水热泵系统需要有丰富、稳定、优质的地下水；此外，即使能够全部回灌，怎样保证地下水层不受污染也是一个棘手的课题。

（3）地表水地源热泵系统。

地表水地源热泵系统，由潜在水面以下的、多重并联的塑料管组成的地下水热交换器取代了土壤热交换器。地表水地源热泵系统的热源是池塘、湖泊或河溪中的地表水。它的优点是：系统简便易行，初投资较低。缺点是：地表水地源热泵系统也受到自然条件的限制；当环境温度越低时热泵的供热量越小，而且热泵的性能系数也会降低；这种热泵的换热对水体中生态环境的影响有时也需要预先加以考虑。

3．主要特点

地源热泵系统的优势包括：

（1）属可再生能源利用技术，生态环境效益显著。

地源热泵的污染物排放，与电供暖相比，减少70%以上，如果结合其他节能措施，节能减排效果会更明显。

（2）运行效率高，维护费用低。

由于地能或地表浅层地热资源的温度相对稳定，这种温度特性使地源热泵系统比传统空调系统运行效率要高40%，运行费用可节约30%～40%。地源热泵系统运动部件比传统空调系统少，安装在室内，因而可减少维护费用。

（3）一机多用，应用广泛，使用寿命长。

地源热泵系统可供暖、制冷，还可供生活热水，一机多用，一套系统可以替换原来的锅炉加空调的两套装置或系统，寿命长，平均可运行20年以上；可应用于宾馆、商场、办公楼、学校等建筑。

（4）节省空间。

地源热泵的换热器埋在地下，可环绕建筑物布置；可布置在花园、草坪、农田下面或湖泊、水池内；也可布置在土壤、岩石或地下水层内；还可在混凝土基础桩内埋管，不占用地表面积。

（5）应用市场广泛，适用性强。

我国绝大多数地域属于夏热冬冷的地区，对建筑采暖用热和空调用冷，均可以统一于地源热泵系统，既解决了采暖又解决了空调，一举两得。建筑能耗所占能源消耗比例越来越大，发达国家比例达到40%～45%，我国已达到35%。而建筑能耗可以利用温度较低的低品质能量，因此将地源热泵系统在建筑采暖空调领域利用具经济性、合理性。

总体来说，所有地源热泵系统都有着突出的技术优点：高效、节能，低污染，地源热泵系统在冬季供暖时，不需要锅炉或增加辅助加热器，没有氮氧化物、二氧化硫和烟尘的排放，因而无污染。由于是分散供暖，大大提高了城市能源安全；运行和维护费用低，简单的系统组成，使得地源热泵系统无须专人看管，也无须经常维护。简单的控制设备，运行灵活，系统可靠性强。节省占地空间，没有冷却塔和其他室外设备，节省了空间和地皮，并改善了建筑物的外部形象。较长的使用寿命，通常机组寿命均在15年以上。供暖空调的同时，可提供生活热水。

尽管地源热泵是一种高效节能的环保技术，必须看到，在工程建设中仍然面临诸多的问题。如：

（1）暖通空调技术与其他技术的配合。

地源热泵技术是暖通空调技术与水文地质钻井技术相结合的综合技术，两者缺一不可，这要求工程组织者和工程技术人员能够合理协调，做好充分的技术经济分析。

（2）环境的影响。

地源热泵空调系统钻井对土壤热、湿及盐分迁移的影响研究有待进一步深入，如何使不利因素减少到最小是必须考虑的问题。

（3）投资问题。

并不是所有的地源热泵系统都是经济合理的，由于钻井费用可能占到整个系统初投资的30%以上，有些投资者可能会回到传统的空调形式。

（4）安装维修。

目前地源热泵系统的安装费用与电制冷、天然气热系统相比较高，它的回收期是5~8年。

（5）岩土特性。

岩土的特性随地点的变化而有所差别，在一个地区的研究结果可能完全不适用于另一地区，必须实地测试进行相应的修正甚至重新研究。

（三）地热制冷技术

地热制冷就是以地热蒸汽或地热水为热源提供的热能为动力，驱动吸收式制冷设备制冷。吸收式制冷的工质是“二元溶液”，以溶液中沸点较低、受热易挥发的组分为制冷剂，而沸点较高的组分为吸收剂。吸收式制冷到目前为止，最广泛应用的工质是氨—水（NH_3-H_2O）溶液和水—溴化锂（$H_2O-LiBr$）溶液两种，也就是以氨为制冷剂、水为吸收剂的氨吸收式制冷装置和以水为制冷剂、溴化锂为吸收剂的溴化锂吸收式制冷两种。

地热吸收式制冷的原理为，地热蒸汽或地热水在发生器内加热一定浓度的溶液，使较低沸点的制冷剂蒸发为蒸气。同时溶液浓度发生变化，进入冷凝器，在冷凝器中被冷却水冷凝为制冷剂液体，再经减压阀减压送到蒸发器，而后吸取冷媒的热量而气化达到制冷的目的。制冷后的制冷剂蒸气进入吸收器被由发生器送来浓度发生变化了的溶液所吸收，又恢复到原来浓度再送发生器循环使用。

地热制冷空调系统一般要求以70℃以上的地下热水为动力，输出7℃~9℃的冷冻水，用于室内空调，机组的电耗只有制冷机组输出功率的3%，地热水经过制冷后可为用户提供约55℃的生活热水。地下热能资源冬季用于采暖，夏季可实现制冷空调，并提供生活热水，使地热能得到全年高效综合利用。

（四）其他地热直接利用技术

地热工业利用：地热能在工业领域应用范围很广，工业生产中需要大量的中低温热水，地热用于工艺过程是比较理想的方案。我国在干燥、纺织、造纸、机械、木材加工、盐分析取、化学萃取、制革等行业中都有应用。其中地热干燥是地热能直接利用的重要项目，地热脱水蔬菜及方便食品等是直接利用地热的地热干燥产品。地热干燥产品有着良好的国际市场和潜在的国内市场。

地热农业：地热在农业中的应用范围十分广阔，是地热直接利用项目中的重要内容。将地热能直接用于农业在我国日益广泛，北京、天津、西藏和云南等地都建有面积大小不等的地热温室。比如，利用温度适宜的地热水灌溉农田，可使农作物早熟增产。利用地热建造温室，可以育秧、种菜和养花。利用地热给沼气池加温，可提高沼气的产量。水产养殖所需的水温不高，一般低温地热水都能满足需求，利用地热水养鱼，在28℃水温下可加速鱼的育肥，提高鱼的出产率；同时它又可将地热采暖、地热温室以及地热工业利用过的地热排水再次综合梯级利用，使地热利用率大大提高。地热水产养殖可以分为大规模生产性养殖和建立观赏区。生产性养殖一般采用地热塑料大棚，以鱼苗养殖越冬为多；观赏游乐区可以放养金鱼、热带鱼及锦鲤等品种供游人观赏。地热孵化是地热农业利用中的一个分支，指利用地热孵化家禽种蛋、育雏和种鸡喂养生长的整个过程。随着我国家禽业的发展和养殖场规模的不断扩大，大型孵化机的需求日益增加。目前，我国使用的孵化机均以电为能源，不仅能耗大，如果孵化过程中途停电，将会对孵化产生严重后果，而地热水温度恒定，一般在50℃～80℃为多，有利于孵化机内温度控制，地热孵化机不仅可以节省电力，合理利用低品位能源，还可以减少电加热器加热时对胚蛋热辐射的影响。

地热医疗：由于地热水从很深的地下提取到地面，除温度较高外，地热水含有多种对人体有益的矿物成分和化学元素，从而使它具有一定的医疗效果。地热水是集热、矿、水三位一体具有多种用途的清洁、医疗和保健作用的资源，热矿水被视为一种宝贵的资源，世界各国都很珍惜。温泉浴对关节炎、高血压、胃及十二指肠溃疡、心血管病、神经衰弱、支气管炎及各种皮肤病有良好的治疗效果，并对各种老年病的康复有一定作用。如含碳酸的矿泉水供饮用，可调节胃酸、平衡人体酸碱度；含铁矿泉水饮用后，可治疗缺铁性贫血症；氢泉、硫水氢泉洗浴可治疗神经衰弱和关节炎、皮肤病等。浴疗水温高于皮肤温度，可兴奋交感神经，使皮肤血管扩张，脉搏加速，缓解肌肉痉挛，促进身体新陈代谢。另外，温泉浴有明显的降血脂作用，使血管输液功能增强，提高机体内分泌功能和调节神经系统功能，防止血管硬化。我国利用地热治疗疾病的历史悠久，含有各种矿物元素的温泉众多，因此，充分发挥地热的医疗作用，发展温泉疗养行业大有可为。

地热直接利用要求的热水温度较低，中低温地热资源都可以加以利用，我国中低温地热资源分布广泛，数量大，直接利用所能提供的能量和所起的作用不比地热发电差。目前我国中低温地热水利用已有采暖、育种育苗、花卉栽培、水产养殖、蔬菜种植、洗浴、医疗、孵化育雏、皮革加工、物料干燥、洗染、缫丝、空调、地震观测、发酵、矿泉水饮料等二十余项，具有良好的发展前景。

我国已经发现的地热温度较低，品味差，较合适用于直接利用。以北京的地热田为例，它属于低温热水类，深埋在 400～2500 米之间，温度在 38℃～70℃范围内。据粗略估计，用于染织、空调、养鱼、取暖、医疗和洗浴等方面，效果良好，每年可节约煤炭 4300 吨。

（五）地热直接利用现状

地热资源作为可再生资源，目前世界上大约有 120 多个国家和地区在开发利用，以 12.8% 的开发速度递增。已经发现和开采的地热泉及地热井多达 7500 多处。据联合国统计，世界地热水的直接利用远远超过地热发电。中国的地热水直接利用居世界首位，其次是日本。

据 2010 年世界地热大会中国国家报告，中国的地热直接利用一直在稳步增长，并呈现进一步规模化、产业化的发展趋势，地热资源管理更趋成熟，减少了浪费，提高了能效，保护了资源。中国地热直接利用进步明显，常规地热直接利用设备能力为 3688 兆瓦时，利用总热量达 46313 特焦/年；若连同地源热泵的应用，则设备能力和年利用总热量分别为 8898 兆瓦时和 75348 特焦。

中国地源热泵最早起源于 20 世纪 50 年代，曾在上海、天津等地尝试夏取冬灌的方式抽取地下水制冷，天津大学就开展了我国热泵的最早研究。目前，国内的多家大学和研究机构都在对地源热泵进行研究，其中多工况水源热泵领域已经形成产业化的成果，建成数个示范工程。

在工程应用方面，地下水地源热泵系统数量最多，应用范围最广，主要采用“异井抽灌”和“单井抽灌”技术。土壤源地源热泵发展最快，应用潜力最大，地表水地源热泵系统在城市级示范工程中单体规模最大。

近年来水地源热泵的推广应用步入了发展的快车道，据《2010 年中国中央空调市场报告》中的数据显示，2010 年度全国水地源热泵市场的整体容量达到 22 亿元，相比 2009 年度增长达 22.2%。

从 2011 年上海制冷展的参展情况来看，目前市场上的水地源热泵生产厂家已逾百家，大部分集中在山东、北京、广东、上海、大连等地区。而市场上比较活跃的品牌包括美意、克莱门特、麦克维尔、特灵、台佳、中宇、扬子、富尔达、欧威尔、博拉贝尔、EK、瀚艺等，这些企业中有部分在 2011 年上海制冷展中露面。从参展的企业来看，美意带来了 MWH 满液式水源热泵、美的带来了变频螺杆式水源热泵、贝莱特带来了满液式污水源热泵以及降膜式地源热泵、欧威尔带来了 AWS 螺杆式水源热泵，等等。地源热泵这一新兴技术受到广泛关注，不同所有制形式的企业都参与到其开发、应用之中。

总体来说，水地源热泵在我国长江黄河流域、东北、西北、华北等对冷热需求较大的地区具有较高的适用性，对南方部分只有夏季冷量需求而无冬季热量需求的地区也有一定的适用性，对于那些由于受条件限制不能用煤、电、燃气采暖供冷的地区可以说是最佳的一种选择。但是就其发展来看，区域性还是比较明显。华北、华东、东北地区使用范围较广，而相对来说华中、西南、西北等地应用并不多。

目前，广东地区已经成为中国热泵行业最主要的生产基地和消费市场。广东地区热泵企业的数量占到全国半数以上，且超过 80% 规模较大的企业都聚集在此。据估算，广东热泵产业的产能至少占到全国总量的 65%。据不完全统计，目前广东地区的热泵企业约有 197 家，主要分布在广州、东莞、佛山、珠海、中山、深圳等地。其中，广州地区有 67 家，佛山地区有 51 家，东莞地区有 26 家。

另外，广东热泵产业正处于快速成长阶段，这使得大量资本注入，企业数量激增。权威专家预测，由于热泵行业前景广阔，目前很多家电企业及其他资本会在近期迅速进入热泵市场，广东热泵行业产能在未来几年还会急速扩张，为地源热泵系统的发展提供了良好的基础。

三、地热发电技术

（一）地热发电技术简介

地热发电的过程就是把地下热能首先转变为机械能，然后再把机械能转变为电能的过程，原理和火力发电的基本原理是一样的。所不同的是，地热发电不像火力发电那样需要备有庞大的锅炉，也不需要消耗燃料，它所用的能源是地热能。

根据可利用地热资源的特点以及采用技术方案的不同，地热发电主要分为地热蒸汽、地下热水、联合循环和地下热岩发电等4种方式。

1．地热蒸汽发电

地热蒸汽发电，即利用地热蒸汽推动汽轮机运转，产生电能。地热蒸汽发电系统技术成熟、运行安全可靠，是地热发电的主要形式。西藏羊八井地热电站采用的便是这种形式。

按照地热蒸汽的来源形式，地热蒸汽发电分为一次蒸汽法和二次蒸汽法发电两种。一次蒸汽法直接利用地下的干饱和或稍具过热度的蒸汽，或者利用从汽、水混合物中分离出来的蒸汽发电。二次蒸汽法有两种含义，一种是不直接利用比较脏的天然蒸汽即一次蒸汽，而是让它通过换热器汽化洁净水，再利用洁净蒸汽即二次蒸汽发电。第二种含义是将从第一次汽水分离出来的高温热水进行减压扩容，生产压力仍高于当地大气压力的二次蒸汽，二次蒸汽和一次蒸汽分别进入汽轮机发电。

按照汽轮机的类型，地热蒸汽发电分为下面两种形式。

（1）背压式汽轮机发电。

把干蒸汽从蒸汽井中引出，先将其加以净化，经过分离器分离出所含的固体杂质，然后使蒸汽推动汽轮发电机组发电，排汽放空（或送热用户）。这是最简单的发电方式，大多用于地热蒸汽中不凝结气体含量很高的场合，或者综合利用于工农业生产和生活用水。

（2）凝汽式汽轮机发电。

为了提高地热电站的机组输出功率和发电效率，发电做功后的蒸汽通常排入混合式凝汽器，冷却后再排出。在该系统中，蒸汽在汽轮机中能膨胀到很低的压力，所以能做出更多的功，发出更多的电。该系统结构简单，适用于高温（160℃以上）地热田的发电。

2．地下热水发电

地热水按常规发电方法是不能直接送入汽轮机去发电的，必须以蒸汽状态输入汽轮机做功发电。对温度低于100℃的非饱和态地下热水发电，有两种方法：

（1）闪蒸（减压扩容法）地热发电。

将地热井口引来的地热水，先送到闪蒸器中，利用抽真空装置，使进入扩容器的地下热水减压汽化，产生低于当地大气压力的扩容蒸汽，即进行降压或称扩容闪蒸，然后将汽和水分离、排水、输汽引到常规汽轮机做功发电，这种系统称为闪蒸系统。闪蒸地热发电又可以分为单级闪蒸法、两级闪蒸法和全流法等。这种地热发电方法设备简单，易于制造，可以采用混合式热交换器，并且运行过程中比较安全。缺点是低压蒸汽的比容很大，设备尺寸大，因而使汽轮机的单机容量受到很大的限制，并且由于是直接以地下热水蒸气为工质，容易腐蚀结垢，热效率较低，因而对于地下热水的温度、矿化度以及不凝气体含量等有较高的要求。

（2）中间介质法地热发电，也称有机工质朗肯循环发电。

利用低沸点物质，如氯乙烷、正丁烷、异丁烷和氟利昂等作为发电的中间工质，通过热交换器利用地下热水来加热某种低沸点的工质，使低沸点物质迅速气化变为蒸汽，进而利用所产生蒸汽推动汽轮机旋转，带动发电机发电，做功后的工质从汽轮机排入凝汽器，并在其中经冷却系统降温，又重新凝结成液态工质后再循环使用。这种地热发电系统称为双流系统或双工质发电系统。这种发电系统的优点是能够更充分地利用地下热水的热量，降低发电的热水消耗率，缺点是增加了投资和运行的复杂性，安全性较差，如果发电系统的封闭稍有泄漏，工质逸出后很容易发生事故。

3. 联合循环发电

联合循环地热发电系统就是把蒸汽发电和地热水发电两种系统合二为一，它最大的优点就是适用于高于150℃的高温地热流体发电，经过一次发电后的流体，在不低于120℃的工况下，再进入双工质发电系统，进行二次做功，充分利用了地热流体的热能，既提高了发电效率，又将经过一次发电后的排放尾水进行再利用，大大节约了资源。该系统从生产井到发电，再到最后回灌到热储，整个过程都是在全封闭系统中运行的，因此，即使是矿化程度很高的热卤水也可以用来发电，且不存在对环境的污染。同时，由于系统是全封闭的，即使在地热电站中也没有刺鼻的硫化氢味道，因而是100%的环保型地热系统。这种地热发电系统采用100%的地热水回灌，从而延长了地热田的使用寿命。该机组目前已经在一些国家安装运行，经济效益和环境效益都很好。

4. 利用地下热岩石发电

地下热岩石发电有下面两种方法。

（1）干热岩过程法。

干热岩是一种没有水或蒸汽的热岩体，主要是各种变质岩或结晶岩类岩体。干热岩埋藏于距地下2000～6000米的深处，温度为150℃～650℃。干热岩过程法不受地理条件限制，可以在任何地方进行热能开采。首先将水通过压力泵压入地下4000～6000米深处，水在高温岩石层被加热后，通过管道加压被提取到地面并输入到热交换器中，热交换器推动汽轮发电机将热能转化成电能。同时推动汽轮机工作的热水经冷却后可重新输入地下供循环使用。这种地热发电方法的整个过程都是在一个封闭的系统内进行，既没有硫化物等有毒、有害物质或堵塞管道的物质，也无任何环境污染，而且其成本与其他再生能源的发电成本相比有竞争力。

干热岩发电，其采热的关键技术是在不渗透的干热岩体内形成热交换系统。干热岩蕴藏的热能十分丰富。比蒸汽型、热水型和地压型地热资源大得多，比煤炭、石油、天然气蕴藏的总能量还大。地下热岩的能量能被自然泉水带出的概率仅有1%，而99%的热岩是干热岩，没有与水共存，因此，干热岩发电的潜力很大。

（2）岩浆发电。

岩浆发电就是把井钻到岩浆处，直接获取那里的热量。这一方式在技术上是否可行，是否能把井钻至高温岩浆处，人们一直在研究中，到目前为止，在夏威夷进行了钻井研究，深入岩浆29米。这仅是浅地表的特例，真正钻到地下几千米才能钻到岩浆，采用现有技术也是很难实现的。目前关于从岩浆中提取热量的设想，只进行了理论探讨。

（二）地热能发电现状

地热发电至今已有百年的历史，而且有了较大规模的发展，可见地热发电能够可靠、安全和可持续性地运行。

1904年，意大利人在拉德瑞罗地热田建立世界上第一座地热发电站（功率为550瓦），开地热能利用之先河。1913年，第一座装机容量0.25兆瓦的地热电站在意大利建成并运行，标志着商业性地热发电的开端。

据2005年世界地热大会的统计，世界上有24个国家建设了地热发电站，世界地热发电总装机容量为8900兆瓦，目前运行容量为8000兆瓦。美国地热发电能力已经超过了2800兆瓦，居世界首位；菲律宾、墨西哥紧随其后；印度尼西亚后来居上已经排在第四位；其次是意大利、日本、新西兰，我国排名第15位。

目前，应用最多的地热发电方式为干蒸汽发电系统。这类热田发电单机组容量为35～120兆瓦，印度尼西亚、意大利、日本以及美国均建有此类电站。这些电站的总发电量占地热能总发电量的一半。我国西藏羊八井地热电站主要采用这种形式。

在我国，1970年广东丰顺建成第一座地热电站，机组功率为0.1兆瓦。随后，河北怀来、西藏羊八井等地也建了地热电站。总的来说，我国目前已建立了一套比较完整的：①地热勘探技术方法、评价方法。②地热开发利用工程勘探、设计、施工已有资质实体。③设备基本配套、国产化、有专业制造厂商。④监测仪器基本完备并国产化。

据2010年世界地热大会中国国家报告，中国地热发电近些年几乎没有发展，高温湿蒸汽发电只有羊八井地热电厂仍在进行，西藏和台湾的另外4处地热发电均因结垢等问题而关停。中低温地热的双工质循环发电，从20世纪70年代以来维持的两座0.3兆瓦发电机组，终因设备过于老化于2008年停运。

我国地热能发电近期与中长期发展规划为：

（1）近期目标与任务。

高温地热发电装机达到40～50兆瓦。主要在西藏羊八井开发利用已有深部高温热储，对ZK4001地热井加以利用（温度250℃以上，发电10兆瓦）；积极建设西藏羊易地热电站，拟定装机12兆瓦；在滇西腾冲高温地热田力争完成250℃以上1～2口地热生产井施工，发电潜力12兆瓦以上。

（2）中长期规划。

高温地热发电装机达到75～100兆瓦。主要在藏滇高温地热勘探开发200℃～250℃以上深部热储。力争单井地热发电潜力达到10兆瓦以上，单机发电10兆瓦以上。

四、地热能应用发展前景

目前开发利用地热能源存在下列问题：

（1）地热资源勘查评价程度低。

目前，全国大部分地区尚未开展大比例尺的地热资源勘查，特别是我国西部地区的中低温地热资源，基本未开展正规的地热勘探。全国地热资源总量是个概数，至今尚未取得公认的统一数据。勘查评价滞后于开发利用，严重影响地热资源开发规划的制定以及地热产业的发展。尤其是自20世纪90年代以来，国家在地热资源勘查方面基本上没有投入，地热勘查开发工作基本上是由市场在推动，个别地区的地热开发管理工作缺乏科学依据，处于盲目开采状态。

（2）环境保护问题。

虽然地热能被称为清洁能源，但它在一定程度上仍会引起一些问题，主要表现在热污染、土壤污染和地面沉降问题，尤其以地面沉降问题最为严重。因为从地下抽取地热流将会改变地下承受压力不均，致使地表下沉。另外，热流体的有害物质也会被排入空气中，对人体造成伤害。同时，被排除的地热水在流入土层后，对农作物具有破坏作用。所以，对地热的利用也必须做到开发与防治兼顾。

（3）经济收益问题。

我国地热资源分配不均衡，主要分布在西南的西藏和云南及四川南部高原地区，由于交通不便利，经济较为落后，客观上造成开发难度加大，不利于地热资源的开发。比如在云南境内，虽然地热丰富，但是由于高温天气的制约，对地热的开发前景不太乐观。这些不利条件加大了地热开发的成本，不利于我国地热资源的规模利用。地热供暖初期投资较大，制约其推广发展。以京津地区为例，地热井深一般在 2000～3000 米，采用“一抽一灌”的对井供暖方式，钻两眼热水井，需投资 700 万元；地热出水温度按 60℃计，40℃回灌，每小时出水量 50 立方米，可供热面积为 2.3 万平方米，加上两座地热井站房的井口设施费用，总投资约 800 万元，初投资近 350 元/平方米。

（4）技术创新不足利用水平低。

地热的开发离不开技术的支持，但是由于在观念上没有对地热能的重视，造成对地热开发的投资过低，技术创新缺乏资金，不能适应地热资源深度开发的需要。比如，目前尚有相当一部分地热开采井未进行回灌，弃水量大、弃水温度高，热能利用率仅为 20%～30%。造成这一现象的主要原因除管理、出投资等因素外，勘探、回灌以及梯级利用技术亟待提高亦是其中重要原因。这一问题若不解决，不仅造成资源浪费，由此还会产生对周围环境和地下水的污染。此外，地热井中的腐蚀现象是很常见的。因为地热水中含有大量的矿物质离子，所以产生电化学腐蚀是很正常的。目前的解决办法是使用防腐材料或者涂防腐的涂料。目前，在地热直接利用中拓展了塑料管材的应用，塑料供暖管具有重量轻、耐腐蚀、不结垢等优点，塑料管材逐渐替代金属管材也是科技发展的必然趋势。另外，地源热泵技术的研究急需加强。高效能的热泵机组是地源热泵技术的关键设备之一。目前国内厂商具有生产中、小型普通热泵机组的能力，质量和性能与国外同类产品相差较大。而大型热泵机组，如技术门槛较高的离心式热泵国内尚无生产能力，其核心技术和设备国外厂商对我们进行封锁。

（5）政策因素。

任何一种新能源的开发利用首先都需要国家政策的大力支持，地热能没有发展起来的重要原因之一是政策问题，尤其是电价补贴问题。由于地热能目前尚未有补贴，系统的技术规程、规范和技术标准尚不健全和完善，所以很多投资公司仍处于观望中。尽管我国的《可再生能源法》已把地热能列入开发规划的范围，但是没有支撑的热能规划的地质基础，地热资源仅仅是一种资源量，而不是经过勘探就能达到开发程度的地热储量。如果国家制定优惠扶持政策，有望推动地热发电产业化。

关于地热发电，主要存在回灌和结垢问题。

地热田的回灌问题已经引起了很多国家的重视。地热田的回灌必须注意生产井与回灌井的位置，如果距离太近生产井的热水温度会被回灌井的冷水急速冷却从而干扰生产能力，如果距离太远又起不到维持热储压力、保证正常生产的作用，所以在建立回灌井之前都会进行实验性生产，利用在回灌水中加入示踪剂的方法来判定回灌井位置是否合理，如果回灌之后在很短时间之内生产井中出现了示踪剂，说明回灌井的位置不合理。地热水中含有大量的有毒矿物质，如果利用以后直接排放掉的话，会对环境产生恶劣影响。与此同时地热田开采会导致地壳内部的压力下降，造成地面塌陷，同时也会造成地下热水资源的水位下降而缩短地热田的寿命。在我国的羊八井地热田，长期的开采已经造成了很严重的环境污染，地表的很多温泉、热爆炸等热现象也已经消失，作为地热资源的旅游价值已经消失殆尽。如果不解决回灌问题，地热能就很难成为一种清洁的可再生能源。

结垢问题也一直是困扰地热发电的一个难题，由于地热水资源中矿物质含量比较高，在抽到地面做功的时候，温度降低必然导致矿物质从水中析出一部分，使叶片和管道结垢并被腐蚀。目前常用的解决办法是使用化学试剂进行除垢，采用材质更好的金属叶片来延长使用寿命，也有一些地热发电系统采用间接利用地热水的方式，在生产井的出水与机组的循环水之间加一个钛板换热器，可以有效防止做功部件腐蚀和结垢，但换热器必须用很贵重的金属来制造，从而使造价增高，所以最后选择什么方式还要权衡多方面的因素。此外，在回灌过程中也会受到结垢的影响，主要是产生悬浮物导致回灌井堵塞。目前的解决办法是在回灌之前进行过滤以及保证回灌井密封条件，防止回灌水与空气接触产生沉淀。

从地热能所具有的特点看，地热能作为一种可再生能源，在我国的发电、供暖、工农业和医疗等领域的发展潜力巨大，对其合理的开发利用会带来良好的经济效益、环境效益、社会效益。未来，较为环保的地热能利用将会更适应我国经济建设的国情，地热市场的需求也将会加大。同时，对地热能资源的开发和利用也必将会带动新的经济产业的发展。但是，地热能发展需要政府制定相关的引导政策，相关单位加强研究，攻克制约地热能发展的技术、成本和环境难题，实现地热能资源的高效利用。

第六章　海洋能

一、基础知识

（一）海洋能的概念

海洋是一个巨大的能源宝库，仅大洋中的波浪、潮汐、海流等动能和海洋温度差、盐度差能等的存储量高达天文数字。海洋能源通常指海洋中所蕴藏的可再生的自然能源，主要为潮汐能、波浪能、海流能（潮流能）、海水温差能和海水盐差能。究其成因，潮汐能和潮流能来源于太阳和月亮对地球的引力变化，其他均源于太阳辐射。海洋能源按储存形式又可分为机械能、热能和化学能。其中，潮汐能、海流能和波浪能为机械能，海水温差能为热能，海水盐差能为化学能。

海洋能既不同于海底或海底下储存的煤、石油、天然气、热液矿床等海底能源资源，也不同于溶于海水中的铀、锂、重水、氘、氚等化学能源资源，它主要是以波浪、海流、潮汐、温度差、盐度差等方式，以动能、位能、热能、物理化学能的形态，通过海水自身所呈现的可再生能源，它是波浪能、潮汐能、海水温差能、海（潮）流能和海水盐度差能的统称。更广义的海洋能源还包括海洋上空的风能、海洋表面的太阳能以及海洋生物质能等。

蕴藏于海水中的海洋能不仅十分巨大，而且具有其他能源不具备的特点：

（1）海洋能属于可再生清洁能源。

海洋能来源于太阳辐射能月天体间的万有引力，只要太阳、月球等天体与地球共存，海水的潮汐、海（潮）流和波浪等运动就周而复始；海水受太阳照射总要产生温差能；江河入海口永远会形成盐度差能；海洋能属于清洁能源，开发后其本身对环境污染影响很小。

（2）总量大、能流分布不均、密度低。

尽管在海洋总水体中，海洋能的蕴藏量丰富，但单位体积、单位面积、单位长度拥有的能量较小。要想得到大能量，就得从大量的海水中获得。

（3）海洋能有较稳定与不稳定能源之分。

较稳定的为温度差能、盐度差能和海流能。不稳定能源分为变化有规律与变化无规律两种。属于不稳定但变化有规律的有潮汐能与潮流能。人们根据潮汐潮流变化规律，编制出各地逐日逐时的潮汐与潮流预报，预测未来各个时间的潮汐大小与潮流强弱。潮汐电站与潮流电站可根据预报表安排发电运行，既不稳定又无规律的是波浪能。

（二）海洋能资源及其分布

我国大陆沿岸和海岛附近蕴藏着较丰富的海洋能资源，据调查统计，可开发潮汐能资源理论装机容量达2179万千瓦，理论年发电量约624亿千瓦时，波浪能理论平均功率约1285万千瓦，潮流能理论平均功率1394万千瓦，这些资源的90%以上分布在常规能源严重缺乏的东部沿海沿岸。

几种形式的海洋能资源及其分布情况如下。

1．潮汐能

潮汐是海面受太阳和月亮吸引所引发的周期性流动所产生的水面升降现象。潮汐能是指海水潮涨和潮落形成的水的势能。潮汐能的能量与潮量和潮差成正比，或者说，与潮差的平方和水库的面积成正比。世界上潮差的较大值约为13～15米，我国的最大值（杭州湾澉浦）为8.9米。一般来说，平均潮差在3米以上就有实际应用价值。潮汐能利用的主要方式是发电。

与其他可再生能源相比，潮汐能具有以下几个特点：①较强的规律性和可预测性；②功率密度大，能量稳定，易于电网的发、配电管理，是一种优秀的可再生能源；③潮汐能的利用形式通常是开放式，不会对海洋环境造成大的影响。

根据我国潮汐能资源调查统计，可开发装机容量大于500千瓦的坝址和可开发装机容量200～1000千瓦的坝址共有424处港湾、河口；可开发装机容量200千瓦以上的潮汐资源，总装机容量为2179万千瓦，年发电量约624亿千瓦时。

中国潮汐能资源地域分布很不均匀，主要集中在东海沿岸，以福建和浙江为最多，站址分别为88处和73处，装机容量分别是1033万千瓦和891万千瓦，两省合计装机容量占全国总量的88.3%；其次是长江口北支（属上海和江苏）、辽宁和广东装机容量分别为70.4万千瓦、59.4万千瓦和57.3万千瓦；其他省区则较少。

表6－1为中国沿岸潮汐能可开发资源分布，这种分布与我国沿海地区的能源需求分布相吻合，即潮汐能资源最丰富的东南沿海地区，正是我国经济发达、能耗量大、常规能源缺乏、能源缺口最大的地区。如能开发沪、浙、闽的潮汐能资源，则可为缓解这里的能源供求矛盾做出贡献。

表6－1 中国沿岸潮汐能可开发资源

省区	200～1000千瓦			全部潮汐能		
	装机容量/万千瓦	年发电量/百万千瓦时	坝址数/个	装机容量/万千瓦	年发电量/亿千瓦时	坝址数/个
辽宁	1.20	32.87	28	59.66	16.40	53
河北	0.92	18.30	19	1.02	0.21	20
山东	0.84	16.78	12	12.42	3.75	24
江苏	0.11	5.46	2	0.11	0.06	2
长江口北支	—	—	—	70.4	22.80	1
浙江	2.12	44.32	54	891.39	266.90	73
福建	1.69	44.72	26	1033.29	284.13	88
台湾	0.49	13.54	7	5.62	1.35	17
广东	1.63	32.24	23	57.27	15.20	49
广西	2.70	84.12	56	39.39	11.12	72
海南	0.61	12.17	14	9.06	2.29	27
全国	12.31	304.61	242	2179.60	624.21	426

从开发条件来看，浙江和福建潮汐能资源能量密度（潮差）相对较高，开发条件最好。从能量密度和港湾的地质条件看，我国的潮汐能资源开发条件首先以福建、浙江沿岸最好，其次是辽东半岛南岸东侧、山东半岛南岸北侧和广西东部等岸段。这些地区潮差较大，为基岩港湾海岸，海岸曲折多海湾，具有潮汐电站建设的良好条件。目前，我国有很多优良站址可供先期开发。在东海

沿岸有很多潮差大、开发条件良好的潮汐电站站址，已做过大量规划设计和预可行性研究工作，可供先期开发。具有近期开发条件的中型潮汐电站，福建省有福鼎市的八尺门、罗源县的大官坂、厦门市的马銮湾；浙江省有三门县的健跳港、宁海县的岳井洋、黄墩港等。

我国潮汐能开发的不利条件是平均潮差较小。平均潮差是衡量潮汐能资源优劣的重要指标，潮汐电站的装机容量和发电量与平均潮差的平方成正比，潮汐电站的建设和发电成本与平均潮差的平方成反比。中国的潮差仅约为世界的一半，在世界上处于中等水平，这是中国潮汐电站单位装机容量投资高的主要原因之一。

2. 波浪能

波浪能是指海洋表面波浪所具有的动能和势能。波浪的能量与波高的平方、波浪的运动周期以及迎波面的宽度成正比。波浪能是海洋能源中能量最不稳定的一种能源。台风导致的巨浪，其功率密度可达每米迎波面数千千瓦，而波浪能丰富的欧洲北海地区，其年平均波浪功率也仅为 20 ~40 千瓦/米。中国海岸大部分的年平均波浪功率密度为 2 ~7 千瓦/米。

根据调查和利用波浪观测资料计算统计，我国沿岸波浪能资源理论平均功率为 1285. 22 万千瓦，这些资源在沿岸的分布很不均匀。以台湾省沿岸最多，为 429 万千瓦，占全国总量的 1/3。浙江、广东、福建和山东沿岸也较多，在 160 万 ~205 万千瓦之间，四省总量约为 706 万千瓦，约占全国总量的 55%，其他省市沿岸则很少，仅在 143 万 ~56 万千瓦之间。

我国近海及毗邻海域波浪能资源在各海区的分布，按理论总波能和总波功率大小，各海区的排序是：南海南部偏北海区为 2200 特焦和 141 特瓦，占各海区总量的 24. 6%；南海北部偏北海区为 1710 特焦和 122 特瓦，占各海区总量的 21. 3%；东海海区为 1673 特焦和 117 特瓦，占各海区总量的 20. 4%。南海南部偏南海区、渤海和北黄海最少。按波能密度大小，各海区的排序是：南海南部偏北海区、南海北部偏北海区、东海海区，南海南部偏南海区、渤海和北黄海最低；按波功率密度大小，各海区的排序是：南海北部偏北海区、南海南部偏北海区、东海海区，南海南部偏南海区、渤海和北黄海最低。

全国沿岸波浪能源密度（波浪在单位时间通过单位波峰的能量。单位千瓦/米）分布，以浙江中部、台湾、福建省海坛岛以北，渤海海峡为最高，达 5. 11 ~7. 73 千瓦/米。这些海区平均波高大于 1 米，周期多大于 5 秒，是我国沿岸波浪能能流密度较高，资源蕴藏量最丰富的海域。其次是西沙、浙江的北部和南部，福建南部和山东半岛南岸等能源密度也较高，资源也较丰富。

波浪能功率密度地域分布是近海岛屿沿岸大于大陆沿岸，外围岛屿沿岸大于大陆沿岸岛屿沿岸。全国沿岸功率密度较高的区段是：渤海海峡（北隍城7.73千瓦/米）、浙江中部（大陈岛6.29千瓦/米）、台湾岛南北两端（南湾和富贵角至三貂角6.21~6.36千瓦/米）、福建海坛岛以北（北稀和台山5.32~5.11千瓦/米）、西沙地区（4.05千瓦/米）和粤东（遮浪3.62千瓦/米）沿岸。

波浪能功率密度具有明显的季节变化。由于中国沿岸处于季风气候区，多数地区功率密度具有明显的季节变化。全国沿岸功率密度变化的总趋势是，秋冬季较高，春夏季较低。而浙江及其以南海区沿岸，因受台风影响，波功率密度春末和夏季（南海5~8月，东海7~9月）也较高，甚至会出现全年最高值，如大陈附近。波功率密度的季节变化在波功率密度较高的岛屿附近更为显著，如北隍城、龙口、千里岩、大陈、台山、海坛和西沙等。而在大陆沿岸和少数岛屿，波功率密度的季节变化相对较小，如云澳、表角、遮浪和嵊山、南麂、大戢山等。

根据波浪能能流密度及其变化和开发利用的自然环境条件，首选浙江、福建沿岸的应用作为重点开发利用地区；其次是广东东部、长江口和山东半岛南岸中段；也可以选择条件较好的地区，如嵊山岛、南麂岛、大戢山、云澳、表角、遮浪等处，这些地区能量密度高、季节变化小、平均潮差小、近岸水较深、均为基岩海岸；具有岸滩较窄，坡度较大等优越条件，是波浪能源开发利用的理想地点。

波功率密度较低，是中国波浪能开发的不利条件。世界各地的波浪能功率密度分布，一般为20~50千瓦/米，较高的为60~80千瓦/米，最高可达100千瓦/米；而中国沿岸的波功率密度较高的地区为3~7千瓦/米，仅为世界各地波功率密度的1/10，显然，中国沿岸的波功率密度在世界上是属于偏低的。

波浪发电是波浪能利用的主要方式。因为波浪发电装置的装机容量和发电量与平均波高的平方成正比，装置的尺度和造价与平均波高的平方成反比，致使我国波浪发电装置的单机装机容量不易扩大，单位装机容量的体积大、造价高、发电量低，这给我国的波浪能技术研发增加了难度。

此外，波浪能还可以用于抽水、供热、海水淡化以及制氢等。

3. 海流能

海流能是指海水流动的动能，主要是指海底水道和海峡中较为稳定的流动以及由于潮汐导致的有规律的海水流动。海流能的能量与流速的平方和流量成正比。相对波浪而言，海流能的变化要平稳且有规律得多。海流能随潮汐的涨落每天两次改变大小和方向。一般来说，最大流速在 2 米/秒以上的水道，其海流能均有实际开发的价值。

1986—1989 年，在国家海洋局和水电部领导下，国家海洋局第二海洋研究所和华东院等单位完成了中国沿海农村海洋能资源区划，根据区划对中国沿岸 130 个海峡、水道的计算统计，潮流能资源理论平均功率为 13948.52 万千瓦。这些资源在全国沿岸的分布，以浙江为最多，有 37 个水道，理论平均功率为 7090 兆瓦，约占全国的 1/2。其次是台湾、福建、辽宁等省份的沿岸也较多，约占全国总量的 42%，其他省区较少。

杭州湾和舟山群岛海域是全国潮流能功率密度最高的海域。全国沿岸潮流能高功率密度水道及其最大功率密度分别是：杭州湾口北部为 28.99 千瓦/平方米，舟山群岛区的金塘水道为 25.93 千瓦/平方米，龟山水道为 23.89 千瓦/平方米，西堠门水道为 19.08 千瓦/平方米，渤海海峡北部的老铁山水道北侧为 17.41 千瓦/平方米，福建三都澳三都角西北部为 15.11 千瓦/平方米，台湾澎湖列岛渔翁岛西南侧为 13.69 千瓦/平方米。

海流能的利用方式主要是发电。功率密度高，是潮流能开发利用的最有利条件。中国沿岸有很多海峡的潮流流速较大，特别是浙江的杭州湾和舟山群岛海区的诸水道，最大潮流流速可达 5 米/秒以上，是我国潮流能资源最丰富的地方，其功率密度与欧洲和北美洲潮流能功率密度最大的地区相当，这是潮流能开发的首要有利条件。

根据沿海能源密度，理论蕴藏量和开发利用的环境条件等因素，舟山海域诸水道开发前景最好，其次是渤海海峡和福建的三都澳等，具有能量密度高，理论蕴藏量大，开发条件较好的优点。

杭州湾和舟山群岛海域资源丰富，开发条件优越。考虑潮流能功率密度、理论储量和开发利用环境条件等因素，我国沿岸潮流能资源，按海区而论，以东海沿岸最好；按地区而论，首先是浙江省杭州湾西部（区划中缺）、东北部和舟山海域诸水道，其次是福建省三都澳内诸水道、辽宁省旅顺沿岸老铁山水道等。这些地区具有能量密度高、理论储量大、开发利用条件较好的优点，应作为潮流能开发利用的重点海区。舟山群岛海区水道众多、四通八达，开发利用潮流能站址选择余地大，潮流能开发可回避与交通航运和其他海洋开发工程的相互影响问题，并且各水道多受岛屿掩护，海况较为平稳，海岸多为基岩岸，因此是我国沿岸潮流能开发利用条件最为理想的地区，应列为优先试验开发的海区。

4. 温差能

温差能是指海洋表层海水和深层海水之间水温之差的热能。一方面，海洋的表面把太阳的辐射能的大部分转化成为热水并储存在海洋的上层。另一方面，接近冰点的海水大面积地在不到 1000 米的深度从极地缓慢地流向赤道。这样，就在许多热带或亚热带海域终年形成 20℃以上的垂直海水温差。利用这一温差可以实现热力循环并发电。

除了发电之外，海洋温差能利用装置还可以同时获得淡水、深层海水，进行空调并可以与深海采矿系统中的扬矿系统相结合。因此，基于温差能装置可以建立海上独立生存空间并作为海上发电厂、海水淡化厂或海洋采矿、海上城市或海洋牧场的支持系统。总之，温差能的开发应以综合利用为主。

我国温差能资源蕴藏量大，在各类海洋能资源中占居首位，这些资源主要分布在南海和台湾以东海域，尤其是南海中部的西沙群岛海域和台湾以东海区，具有日照强烈，温差大且稳定，全年可开发利用，冷水层与岸距离小，近岸海底地形陡峻等优点，开发利用条件良好。

我国南海海域辽阔，水深大于 800 米的海域 140 万 ~ 150 万平方千米，位于北回归线以南，太阳辐射强烈，是典型的热带海洋。表层水温均在 25℃以上，500 ~ 800 米以下的深层水温在 5℃以下，表深层水温度在 20℃ ~ 24℃，蕴藏着丰富的温差能资源。据初步计算，南海温差能资源理论蕴藏量为 $1.19 \sim 1.33 \times 10^{19}$ 千焦，技术上可开发利用的能量（热效率取 7%）为 $8.33 \sim 9.31 \times 10^{17}$ 千焦，实际可供利用的资源潜力（工作时间取 50%，利用资源 10%）装机容量达 13.21 亿 ~ 14.76 亿千瓦。

我国台湾岛以东海域表层水温全年在 24℃ ~ 28℃，500 ~ 800 米以下的深层水温 5℃以下，全年水温差 20℃ ~ 24℃，据台湾电力专家估计，该区域温差能资源蕴藏量约为 216 万亿千焦耳。

从资源能量密度、资源储量和开发条件来看，南海中部海区和台湾以东海区是海洋温差能开发利用的理想场地。温差能利用的最大困难是温差太小，能量密度太低。温差能转换的关键是强化传热传质技术。同时，温差能系统的综合利用，还是一个多学科交叉的系统工程问题。

5. 盐差能

盐差能是指海水和淡水之间或两种含盐浓度不同的海水之间的化学电位差能，主要存在于河海交接处。同时，淡水丰富地区的盐湖和地下盐矿也可以利用盐差能。盐差能是海洋能中能量密度最大的一种可再生能源。通常，海水（35‰盐度）和河水之间的化学电位差有相当于240米水头差的能量密度。这种位差可以利用半渗透膜（水能通过，盐不能通过）在盐水和淡水交接处实现。利用这一水位差就可以直接由水轮发电机发电。

盐差能的利用主要是发电。我国海域辽阔，海岸线漫长，入海的江河众多，入海的径流量巨大，在沿岸各江河入海口附近蕴藏着丰富的盐差能资源。据统计我国沿岸全部江河多年平均入海径流量为1.7万亿~1.8万亿立方米，各主要江河的年入海径流量为1.5万亿~1.6万亿立方米，盐差能资源蕴藏量约为3900万亿千焦耳，理论功率约为1.25亿千瓦。

我国盐差能资源有以下特点：

（1）地理分布不均。

盐差能资源储量取决于入海的淡水量和海水的盐度，所以盐差能资源的分布具有与入海水量分布相同的不均匀性。长江口及其以南的大江河口沿岸的资源量占全国总量的92.5%，理论总功率达1.156亿千瓦，其中东海沿海占69%，理论功率为0.86亿千瓦；沿海大城市附近资源最富集，特别是上海和广东附近的资源量分别占全国的59.2%和20%。

（2）资源量具有明显的季节变化和年际变化。

沿海江河入海淡水流量的变化特点决定了盐差能功率具有剧烈的季节变化和显著的年际变化。一般汛期4~5个月的资源量占全年的60%以上，长江占70%以上，珠江占75%以上；山东半岛以北的江河冬季均有1~3个月的冰封期，不利于全年开发利用。另外，由于上游大型水电站、水库建设等水利开发力度的加大等原因，我国江河的入海淡水流量逐年减少的趋势明显，有的江河经常处于断流状态，不利于盐差能开发利用。

（三）利用海洋能资源的意义

1. 缓解能源紧缺问题

中国经济的增长在能源供应和需求问题上面临着严峻挑战。2004年的“电荒”已经凸显电力对经济发展的强力制约。可以预见，在不远的将来，中国有相当一部分能源需求不能由现在常规的能源供应来满足，也必须寻求新的办法来解决能源长期的需求短缺问题。

海洋能作为一种新型的可再生能源，可开发量远远超过目前的发电功率，大规模地开发海洋能可以缓解能源紧缺，是解决中国能源问题的一条有效途径。

中国沿海地区的经济发展水平在国内位居前列，但又是化石能源资源相对匮乏的地区，随着能源取得成本的日益上升，能源问题已经成为制约该地区经济发展的瓶颈。然而，国内沿海地区有着较为丰富的海洋能资源，如果能因地制宜，有效地开展海洋能的开发利用，将对国内这一地区的经济发展起到很好的推动作用。

随着技术的不断成熟，海洋能发电的成本也不断下降；再加上常规能源价格飙升，人们对包括海洋能在内的可再生能源越来越重视。目前某些海洋能发电技术已经接近实用，有望在经济建设中发挥作用。

2. 缓解环境污染问题

利用化石能源给地球环境造成了严重危害，使人类生存空间受到了极大的威胁，主要表现在温室效应、酸雨、破坏臭氧层、大气颗粒物污染以及开采、运输、加工过程所造成的生态环境破坏。随着现代工业的发展，环境问题日趋严重。2003 年 1 月 1 日，《中华人民共和国清洁生产促进法》正式施行，它指明了生产领域特别是工业生产的发展方向。如何更加有效地利用能源就成为国内保护环境、改善环境质量的重要突破口，节能降耗和开发新能源成为能源利用的核心问题。

海洋能作为一种清洁、可再生的能源，资源丰富，发展前景非常可观。20 世纪 90 年代以来，开发利用新能源和可再生能源已经成为中国的一项战略选择。《1996—2010 年新能源和可再生能源发展纲要》指出：发展新能源和可再生能源的战略目标是逐步改善和优化中国的能源结构，更加合理、有效地利用可再生资源，保护环境，促使中国能源、经济和环境的发展相互协调，实现社会的可持续发展。发展开发海洋能技术，是实现这一战略目标的重要的有效路径之一。

3. 增强海洋资源开发能力

目前，随着陆地上资源日益减小乃至枯竭，许多国家正逐渐将目光转向海洋。在海洋这一表层矿产中，含有丰富的金属元素和浮游生物残骸，富含轴、铁、锰、锌、银、金等，具有较大的经济价值。

海底有富集的矿床，包括滨海矿砂和浅海矿砂。它们都存在于水深不超过几十米的海滩和浅海中，矿物富集，还可以开采出黄金、金刚石、石英、钻石、独居石、钛铁矿、磷钇矿、金红石、磁铁矿等。海洋矿砂已经成为增加矿产储量的最大的潜在资源之一，越来越受到人们的重视。在深海的海底，存在更加丰富的矿藏。其中多金属结核锰结核作为最有经济价值的一种，呈现高度富集状态，锰结核矿已成为许多国家的开发热点。

石油和天然气是遍及世界各大洲大陆架的矿产资源。有报告指出，1990年，全世界海上石油已探明储量达 2.970×10^{10} 吨，海上天然气已探明储量达 1.909×10^{13} 立方米。油气加在一起的价值占到海洋中已知矿藏总产值的70%以上。在21世纪，海洋资源必将成为许多国家争相开采的对象。尤其在远离大陆的海洋中，海洋能是所有能源中获取较为方便和成本相对低廉的能源。

发展海洋能技术，可以大大降低海洋开发的成本。因此，发展海洋能技术是提高利用海洋资源能力和降低海洋资源开发成本的重要条件。

二、海洋能发电技术

（一）海洋能发电技术简介

海洋能发电即利用海洋所蕴藏的能量发电。海洋能蕴藏丰富，分布广，清洁无污染，但能量密度低、地域性强，因而开发困难并有一定的局限。海洋能开发利用的方式主要是发电，其中，潮汐发电和小型波浪发电技术已经实用化。

1. 潮汐发电

潮汐发电是利用海水潮涨潮落的势能发电。实践证明：潮涨、潮落的最大潮位差应在10米以上（平均潮位差≥3米）才能获得经济效益，否则难于实用化。人类利用潮汐发电已有近百年的历史，潮汐发电是海洋能利用技术中最成熟、规模最大的一种。

潮汐能利用的主要方式是发电，其利用原理和水力发电相似，潮汐能的能量密度相比水力发电更低，相当于微水头发电的水平。潮汐发电的工作原理：在适当的地点建造一个大坝，涨潮时，海水从大海流入坝内水库，带动水轮机旋转发电；落潮时，海水流向大海，同样推动水轮机旋转而发电。因此，潮汐发电所用的水轮机需要在正反两个方向的水流作用下均能同向旋转。

潮汐电站按照运行方式和对设备要求的不同，可以分成单库型、双库型和水下潮汐电站三种。

（1）单库潮汐电站。

单库潮汐电站是最早出现且最简单的潮汐电站，通常只有一个大坝，大坝上建有发电厂及闸门。单库潮汐电站有单向运行和双向运行两种主要运行方式。

单向运行指电站只沿一个方向进行发电，通常是单向退潮发电。这种潮汐电站只需安装常规贯流式水轮机。单向运行只能提供间断电力，间断时间取决于潮位变化周期，这对电网不利。

双向运行指电站沿两个水流方向都能发电。由于退潮和涨潮都发电，电站必须安装双向式水轮发电机组。双向运行可提供较连续的电力，有较强的电网适应性，可进行调峰运行。缺点是安装成本较高，结构较复杂，运行效率相对较低，总发电量比单向式少。

（2）双库潮汐电站。

双库潮汐电站是为了克服单库方案发电不连续的问题，两库相互隔开，有两种方案，一是双库连接方案，二是双库配对方案。

双库连接方案中，一个为高水位库，另一个为低水位库，两库间建发电厂，电站依靠高低库水位差发电。由于高低库间始终具有一定的水位差，电站可实现连续发电，且电站所需水力发电设备较简单。此方案最大优点是完全摆脱了潮汐电站发电时间由潮水规律决定的缺点。

双库配对方案实质是将两个单库电站配对使用，相互补充，参加配对的两个电站应设置为双向运行方式。

（3）水下潮汐电站。

由于人工大坝导致河流及海岸附近生态平衡破坏，考虑建造水下潮汐电站。水下潮汐电站使用固定于海底的涡轮发电机，类似于一个水下风车，涡轮能够自动调整方向对准潮汐流来的方向，当海水流过时，叶片就会转动，从而产生电能。

2. 波浪发电

波浪能发电利用的是海面波浪上下运动的动能。目前世界上的波能利用技术大致划分为：振荡水柱（oscillation water column）技术、筏式技术、收缩波道技术、摆式技术、点吸收（振荡浮子）技术、鸭式技术、波流转子技术、虎鲸技术、波整流技术、波浪旋流技术等。

振荡水柱波能装置利用空气作为转换的介质。该系统的能量转换机构为气室，其下部开口在水下，与海水连通，上部开口喷嘴与大气连通；在波浪力的作用下，气室下部的水柱在气室内作上下振荡，压缩气室的空气往复通过喷嘴，将波浪能转换成空气的压能和动能。空气的压能和动能可驱动空气透平转动，再通过转轴驱动发电机发电。振荡水柱波能装置的优点是转动机构不与海水接触，防腐性能好，安全可靠，维护方便；缺点是能量转换效率较低。

筏式波能装置由铰接的筏体和液压系统组成。筏式装置顺浪向布置，筏体随波运动，将波浪能转换为筏体运动的机械能，然后驱动液压泵，将机械能转换为液压能，驱动液压电动机转动，通过轴驱动电机发电，将旋转机械能转换为电能。筏式技术的优点是筏体抗浪性能较好；缺点是装置顺浪向布置，单位功率下材料的用量比垂直浪向布置的装置大，可能提高装置成本。

收缩波道装置由收缩波道、高位水库、水轮机、发电机组成。收缩波道与海连通的一面开口宽，然后逐渐收缩通至高位水库。波浪在逐渐变窄的波道中，波高不断被放大，直至波峰溢过收缩波道边墙，进入高位水库，将波浪能转换成势能。高位水库与外海间的水头落差可达 3 ~ 8 米，利用水轮发电机组可以发电。收缩波道装置的优点是波浪能的转换中没有活动部件，可靠性好，维护费用低，在大浪时系统出力稳定；不足之处是小浪下的系统转换效率低。

目前，向着实用化方向不断进行研究的为水中振动型。

3. 海流发电

海流发电是利用海洋中部分海水沿一定方向流动的海流和潮流的动能发电，其原理和风力发电相似，几乎任何一个风力发电装置都可以改造成为海流发电装置，故又称为“水下风车”。海流动能转换为电能的装置有螺旋桨式、对称翼型立轴转轮式、降落伞式和磁流式多种。其中，磁流式是利用海水中的大量电离子，海流通过磁场产生感应电动势而发电。海流能发电装置根据其透平机械的轴线与水流方向的空间关系可分成水平轴式和垂直轴式两种结构，又分别可称为轴流式（axial flow）和错流式（cross flow）结构。

由于海水的密度约为空气的 1000 倍，且装置必须放于水下，故海流发电存在一系列的关键技术问题，包括安装维护、电力输送、防腐、海洋环境中的载荷与安全性能等。此外，海流发电装置和风力发电装置的固定形式和透平设计也有很大的不同。海流装置可以安装固定于海底，也可以安装于浮体的底部，而浮体通过锚链固定于海上。海流中的透平设计也是一项关键技术。

为了从潮流中回收能量，应利用能使潮流每周期的双向流动均实现同方向旋转的水车。目前，有萨优纽斯（Savonius）型水车和达里厄斯（Darriews）型水车两种。潮流发电与潮汐发电不同，不设置大坝或堤堰，是借自然的流动直接通过水车获取能量，故水车的效率是很重要的性能参数。

4. 海水温差能发电

海水温差能是指海洋表层海水和深层海水之间水温差的热能。海洋温差发电是利用海洋表层海水把太阳的辐射能大部分转化为热能，形成热水层（26℃～27℃）与深层海水（1℃～6℃）的温差而发电的方式。海水的热传导率低，表层的热量难以传到深层，许多热带或亚热带海域终年形成20℃以上的垂直温差，利用此温差可实现热力循环来发电。

海洋温差能发电主要有开式循环、闭式循环和混合式循环三种方式。

开式循环系统主要包括真空泵、温水泵、冷水泵、闪蒸器、冷凝器、透平发电机组等部分。开式循环系统中，海水被直接用作工质，闪蒸器和冷凝器之间的压降和焓降都很小，必须把管道的压力损失降到最低，同时透平的径向尺寸很大。开式循环的副产品是经冷凝器排出的淡水，这是它的有利之处。

闭式循环系统不以海水为工质，而采用一些低沸点的物质（如丙烷、氟利昂、氨等）作为工作介质，在闭合回路内反复进行蒸发、膨胀、冷凝。因为系统使用低沸点的工作介质，蒸汽的工作压力得到提高。闭式循环系统由于使用低沸点工质，可以大大减小装置，特别是透平机组的尺寸。但使用低沸点工质可能会对环境产生污染。

混合式循环系统综合了开式循环和闭式循环的优点。保留了开式循环获取淡水的优点，让水蒸气通过换热器而不是大尺度的汽轮机。避免了大尺度汽轮机的机械损耗和高昂造价；采用闭式循环获取动力，效率高，机械损耗小。

以上三种循环系统中，技术上以闭式循环方案最接近产业化应用。

5. 海洋盐差能发电

海洋盐差能发电的基本方式是将不同盐浓度的海水之间的化学电位差能转换成水的势能，再利用水轮机发电，具体主要有渗透压式、蒸汽压式和机械—化学式等，其中渗透压式方案最受重视。在江河的入海口，淡水的水压比海水的水压高，如果在入海口放置一个涡轮发电机，淡水和海水之间的渗透压就可以推动涡轮机来发电。

（二）海洋能发电现状

开发利用海洋能较早及技术较成熟的国家有德国、法国、美国、英国、日本、俄罗斯、法国、丹麦、加拿大等 20 多个。

国外利用潮汐发电始于欧洲，20 世纪初德国和法国已经开始研究潮汐发电。世界上最早利用潮汐发电的是德国 1912 年建成的布苏姆潮汐电站，而法国则于 1966 年在希列塔尼米岛建成一座最大落差 13.5 米、坝长 750 米、总装机容量 240 兆瓦的朗斯河口潮汐电站，年均发电量为 544 吉瓦时，朗斯电站的建成及其近 40 年的成功运行证实了潮汐电站技术的可行性，它使潮汐电站进入了实用阶段。

美国把促进可再生能源的发展作为国家能源政策的基石，由政府加大投入，制定各种优惠政策，经长期发展，成为世界上开发利用可再生能源最多的国家，其中尤为重视海洋发电技术的研究，1979 年在夏威夷岛西部沿岸海域建成一座称为 MINI—OTCE 温差发电装置，其额定功率 50 千瓦，净出力 18.5 千瓦，这是世界上首次从海洋温差能获得具有实用意义的电力。

英国从 20 世纪 70 年代以来，制定了能源多元化的能源政策，鼓励发展包括海洋能在内的多种可再生能源。1992 年后，为实现对资源和环境的保护，又进一步加强了对海洋能源的开发利用，把波浪发电研究放在新能源开发的首位，曾因投资多，技术领先而著称。在潮汐能开发利用方面，也进行了大规模的可行性研究和前期开发研究，英国已具有建造各种规模的潮汐电站的技术力量，并认为是极有潜力的世界市场。

日本在海洋能开发利用方面十分活跃，成立了海洋能转移委员会，仅从事波浪能技术研究的科技单位就有日本海洋科学技术中心等 10 多个，还成立了海洋温差发电研究所，并在海洋热能发电系统和换热器技术上领先于美国，取得了举世瞩目的成就。

印度面对能源供应不足，电力短缺的困境，在海洋能等可再生能源开发利用上加大投入，从减免所得税和关税，建立专门贷款机构，吸引外资以及加快折旧等多方面实施优惠政策，使它跨入世界可再生能源开发利用的先进行列。

印尼在挪威的帮助下，从 1988 年开始在巴厘岛建造一座 1500 千瓦的波力电站，并制定建造数百座波力电站，实现联站并网的发电计划。

在垂直轴式潮流能发电装置方向，国外的研究起步较早。加拿大Blue Energy

公司是国外较早开展垂直轴潮流能发电装置研究的单位。其中著名的Davis四叶片垂直轴涡轮机就是以该公司的工程师来命名的。意大利Ponte di Archimede International SpA公司和Naples大学航空工程系合作研发了一台130千瓦垂直轴水轮机模型样机，命名为Kobold涡轮，并于2000年在Messina海峡进行了海上试验。在1.8米/秒的水流流速下发出功率为20千瓦左右，系统的整体工作效率较低，约为23%。

中国大陆海岸线长18000千米，据全国沿海普查资料统计，全国有近200个海湾、河口，可开发潮汐能年总发电量达60太瓦时，装机总容量可达20吉瓦，但至今被开发利用的不及1%，开发潜力巨大。

我国开发海洋能源是从潮汐能开发利用开始的，已有50多年历史，从1955年至今，先后共建成小型潮汐能电站76座。中国是世界上建造潮汐电站最多的国家。我国第一座潮汐电站是浙江临海的汐桥村潮汐电站，早在1959年建成，总容量60千瓦。位于浙江乐清湾的江厦潮汐电站首台500千瓦机组1980年开始发电，1985年全部竣工，总装机容量3200千瓦，电站属于单库双向运行方式，是当时亚洲最大、世界第三的潮汐电站，仅次于法国郎斯潮汐发电站和加拿大安纳波利斯潮汐发电站。

20世纪90年代至今是中国万千瓦级潮汐电站选址阶段。1991年9月，从全国潮汐能第2次普查获得的浙闽沿海数十个万千瓦级以上的站址中，筛选出几个条件较好的站址进行了重点规划设计，开展了大型潮汐电站的设计和前期科研工作。

近几十年来，中国在有关潮汐电站的研究、开发方案及设计方面做了许多工作，但建成投运的潮汐电站数量很少，目前正常运行或具备恢复运行条件的电站有8座。

我国波力发电技术研究始于20世纪70年代，20世纪80年代以来获得较快发展。小型岸式波力与日本合作研制的后弯管型浮标波力发电装置已向国外出口，该技术属国际领先水平。目前，波浪发电机发出的电已用于为海上导航浮标和灯塔提供照明，大型波浪发电机组也已问世。我国目前已有600多台小型波浪发电装置在沿海投入使用。20世纪末，我国在广东已建造了100千瓦岸式震荡水位的波力发电站。中国已成为开发波浪发电的主要国家之一。

我国的潮流发电开始于20世纪70年代末，水轮机性能的研究已达到国际先进水平，我国潮流能利用研究还刚迈出实验室，进行实际海下的应用示范研究阶段。

（三）海洋能发电技术应用前景

21 世纪，海洋将在为人类提供生存空间、食品、矿物、能源及水资源等方面发挥重要作用。

从技术发展来看，潮汐能发电技术最为成熟，已经达到了商业开发阶段，已建成的法国朗斯电站、加拿大安纳波利斯电站、中国的江厦电站均已运行多年。波浪能和潮流能还处在技术攻关阶段，英国、丹麦、挪威、意大利、澳大利亚、美国、中国等国家建造了多种波浪能和潮流能装置，试图改进技术，逐渐将技术推向实用。温差能还处于研究初期，只有美国建造了一座温差能电站，进行技术探索。

从能流密度来看，波浪能、海流能的能流密度最大，因此，这两种能量转换装置的几何尺度较小，其最大尺度通常在 10 米左右，可达到百千瓦级装机容量。温差能利用需要连通表层海水与深部海水，因此，其最大尺度通常在几百米量级，可达到百千瓦级净输出功率。潮汐能能流密度较小，需要建立大坝控制流量，以增大大坝两侧的位差，如果计入大坝尺度，潮汐能的最大尺度在千米量级，装机容量可达到兆瓦级。

从环境影响来看，人们普遍认为波浪能和潮流能对环境的影响不大，而潮汐能对环境的影响较大，这是因为波浪能和潮流能发电装置尺度小。此外，尺度小还带来许多便利：应用灵活，建造方便，一旦需要可以在短时间内完成，具有军用前景；规模可大可小，大规模可以通过适当装机容量的若干装置并联而成。因此，目前国外发展最快的是波浪能和海流能，而波浪能由于比海流能的分布更广，因而更加受到人们的关注。

从能量形式来看，温差能属于热能，潮汐能、海流能、波浪能都是机械能。对于发电来说，机械能的品位高于热能，因此，在转换效率和发电设备成本等方面具有一定优势。但是，温差能在发电的同时还可以产出淡水，这是其优点。

从技术及经济上的可行性、可持续发展的能源资源以及地球环境的生态平衡等方面分析，海洋能中的潮汐能作为成熟的技术将得到更大规模的利用，波浪能将逐步发展成为行业。近期主要是固定式，但大规模利用要发展漂浮式，可作为战略能源的海洋温差能将得到更进一步的发展，并将与海洋开发综合实施，建立海上独立生存空间和工业基地；潮流能也将在局部地区得到规模化应用。

我国的海洋发电技术已有较好的基础和丰富的经验，小型潮汐发电技术基本成熟，已具备开发中型潮汐电站的技术条件。但是现有潮汐电站整体规模和单位容量还很小，单位千瓦造价高于常规水电站，水工建筑物的施工还比较落后，水轮发电机组尚未定型标准化。这些均是我国潮汐能开发现存的问题。其中，关键问题是中型潮汐电站水轮发电机组技术问题没有完全解决，电站造价亟待降低。潮汐能的大规模利用涉及大型的基础建设工程，在融资和环境评估方面都需要相当长的时间。大型潮汐电站的研建往往需要几代人的努力。因此，应重视对可行性分析的研究。目前，还应重视对机组技术的研究。在投资政策方面，可以考虑中央、地方及企业联合投资，也可参照风力发电的经验，在引进技术的同时，向国外贷款。

波浪能在经历了 20 多年的示范应用过程后，正稳步向商业化应用发展，且在降低成本和提高利用效率方面仍有很大技术潜力。依靠波浪技术、海工技术以及透平机组技术的发展，波浪能利用的成本可望在 5 ~ 10 年的时间内，在目前的基础上下降 2 ~ 4 倍，达到成本低于每千瓦装机容量 1 万元人民币的水平。

中国是世界上海流能量资源密度最高的国家之一，发展海流能有良好的资源优势。海流能也应先建设百千瓦级的示范装置，解决机组的水下安装、维护和海洋环境中的生存问题。海流能和风能一样，可以发展“机群”，以一定的单机容量发展标准化设备，从而达到工业化生产以降低成本的目的。

海洋温差能的利用可以提供可持续发展的能源、淡水、生存空间并可以和海洋采矿与海洋养殖业共同发展，解决人类生存和发展的资源问题。在技术项目方面，应尽早安排百千瓦级以上的综合利用实验装置，并可以考虑与南海的海洋开发和国土防卫工程相结合，作为海上独立环境的能源、淡水以及人工环境（空调）和海上养殖场的综合设备。

综上所述，中国的海洋能利用，近期应重点发展百千瓦级的波浪能、海流能机组及设备的产业化，结合工程项目发展万千瓦级潮汐电站，加强对温差能综合利用的技术研究，中、长期可以考虑发展万千瓦级温差能综合海上生存空间系统。

三、海洋能海水淡化技术简介

除了利用海洋能进行发电，利用海洋能进行海水淡化也是一种重要的可再生能源利用技术，具有非常广阔的应用前景。

海洋能海水淡化是指将海洋能利用与海水淡化方法结合，使得海洋能完全或部分承担海水淡化所需的能源。目前能大规模用于商业用途的海水淡化方法主要有蒸馏法及反渗透法两大类，其能耗都非常的高。而且，目前常规海水淡化所利用的能源主要是化石燃料，不仅造成大量的碳排放，同时也加剧了能源危机。海洋能海水淡化相对于其他的可再生能源海水淡化来说，最大的优势在于能源与海水都来自大海，这样可以使得整个系统的效率得到提高。因此，将可再生的海洋能应用于海水淡化，具有很好的前景。

目前利用海洋能进行海水淡化的技术主要有以下几种：

1. 波浪能海水淡化

波浪能目前主要用来发电，将其应用到海水淡化的研究还比较少。波浪能海水淡化系统主要有能量吸收装置、能量转换装置及海水淡化装置 3 个部分。能够应用于波浪能海水淡化的波浪能转换装置主要有振荡浮子式、点头鸭式、振荡水柱式、水波泵式及水锤泵式等。

最早的波浪能海水淡化的研究是关于振荡浮子式的。20 世纪 80 年代初，美国的 Delaware 大学提出了一种名为 DELBOUY 的振荡浮子式波浪能海水淡化系统，该系统利用振荡浮子来驱动系于海床上的活塞泵，活塞泵产生的高压海水推进置于水下的反渗透膜组件来完成海水淡化。这是最典型的振荡浮子式波浪能海水淡化装置。这种方式的波浪能海水淡化装置最简单，基本上没有什么运动设备，比较容易实现。

点头鸭式波浪能海水淡化装置利用蒸汽压缩式海水淡化方式，并将相应的海水淡化设备置于浮动的鸭型波浪能转换装置内部，通过波浪能转换装置将波浪能直接转换成机械能，并驱动内部的海水得以淡化。点头鸭式波浪能海水淡化装置的研究还在继续，有望与反渗透海水淡化相结合。

振荡水柱式波浪能海水淡化装置最早是由印度的国家海洋开发部提出来的，该系统先将波浪能转换为电能，然后用电机驱动反渗透使海水淡化。该系统目前还在运行当中，是目前全世界运行较好的波浪能海水淡化系统。在此之后，中国科学院广州能源所也提出一种振荡水柱式海水淡化，该装置与印度装置的不同之处在于，波浪能不是全部通过转换成电能来驱动高压泵产生高压海水，而是直接将波浪能转换成液压能并驱动液压马达来产生高压海水，以提高系统效率。

水波泵式波浪能海水淡化系统的波浪能转换装置由三节铰链连接的浮体组

成，两节浮体对称地连接于中心浮体，中心浮体起到保持平衡的作用。两臂与中心体之间产生很大的力，这个力可以驱动活塞泵进行发电或海水淡化。

水锤泵式波浪能海水淡化系统采用柔性管，管内装有海水，管的两端安装水锤泵，当波浪能作用于柔性管时，管的海水向两端运动并驱动两端的水锤泵工作，水锤泵产生高压海水用于海水淡化。

2. 潮汐能海水淡化

关于潮汐能海水淡化的研究却很少，我国有学者提出潮汐能太阳能多效蒸馏海水淡化系统，该系统利用潮汐能作为抽真空及排放浓盐水的动力源，可以节省大量的电力或化石燃料。如果能将已成熟的潮汐能发电技术与海水淡化相结合，则有可能实现大规模海水淡化，其前景也非常可观。

3. 海洋温差能海水淡化

关于海洋温差能海水淡化的最早报道是 Rey、Lauro 于 1981 年提出的一个耦合海洋温度梯度的热能转换装置和一个蒸馏装置的系统。海洋温差相对其他海洋能来说，具有不存在间歇、受昼夜和季节的影响较少等优点。但是海洋温差能利用系统所需的冷海水往往需要从 500 ~ 1 000 米的深海获得。这就大大地提高了投资及维护成本，从而也限制了其商业发展。

目前，海洋能海水淡化的发展缓慢，研究主要集中于波浪能海水淡化，绝大多数的海洋能海水淡化方法仍处于理论或是小型实验研究阶段，仍没有大规模商业化的海洋能海水淡化的报道。主要原因有海洋能海水淡化得到的重视不够，以及海洋能海水淡化的研究成本大。今后，海洋能海水淡化的研究将朝着大规模、低成本的方向发展，实现海洋能海水淡化大规模商业化。

第七章 可燃冰

一、基础知识

（一）可燃冰的概念

可燃冰的全称是天然气水合物，又称气冰、天然气干冰、固体瓦斯、气体水合物等，分子式为 $CH_4 \cdot 8H_2O$。它是水和天然气在高压和低温条件下混合结晶形成的一种类冰状结晶固态物质，纯净的天然气水合物呈白色，外貌极像冰雪或固体酒精，其成分中 80% ~99.9% 为甲烷，可以像固体酒精一样直接被点燃，被形象地称为“可燃冰”。现在很多家庭使用的燃气其主要成分也是甲烷，所以可燃冰也被称作冰状天然气。天然气水合物可以释放出 164 立方米的天然气。

1778 年，英国化学家普得斯特里（J. L. Proust）首次发现了可燃冰，但当时他的发现并未引起足够的重视。1934 年，人们发现油气管道和加工设备中存在冰状固体堵塞现象，自此对于可燃冰这一新能源在世界上产生了广泛的关注。1965 年，天然气水合物矿藏被苏联首次在西伯利亚发现，之后各国相继地发现了可燃冰的存在，并着手对它进行了深入的研究。

可燃冰以清洁环保、储量丰富著称，最近 30 年发现，其众多特征均不同于常规油气。可燃冰的热量很高，经过燃烧后，仅会生成少量的二氧化碳和水，几乎不产生任何残渣，污染比煤、石油、天然气都要小得多，而不像其他常规化石能源一样还会生成其他氧化物和硫化物污染。据国际科学界预测，它是煤、石油、天然气之后最佳的替代能源。

（二）可燃冰资源及其分布

1. 可燃冰的形成

关于“可燃冰”的成因，目前主要有两种观点，一种认为，它们最初来源于海底下的细菌。经专家分析，可燃冰的形成与海底石油、天然气的形成过程相仿。在至少为600~800米深的海床上，有很多动植物的残骸，这些残骸腐烂时产生细菌，大量细菌吞食动植物等有机物残留遗体时会分泌释放出甲烷气，深海下往往水温较低，并且压力较高，这样就导致许多被释放出的甲烷气被包进水分子中，与周围沙土混杂物等混掺冻在一起，形成一种混凝土似的甲烷冰冻水合物。因此，可燃冰的形成必须具备三个条件：一是0℃~10℃的低温；二是压力要保持在10兆帕高压或水深300米以上；三是地底要有气源。

另一种观点则认为，“可燃冰”由海洋板块活动而成。当海洋板块下沉时，较古老的海底地壳会下沉到地球内部，海底石油和天然气便随着板块的边缘涌上表面。当接触到冰冷的海水和在深海压力下，天然气与海水产生化学作用，就形成水合物。

2. 可燃冰资源储量及分布

由于可燃冰的形成需要同时具备高压和低温的环境，“可燃冰”大多分布在深海底和冻土区域，这样才能保持稳定的状态，而且，海洋中的“可燃冰”数量远大于冻土区域，其分布的陆海比例为1∶100。

可燃冰在自然界广泛分布在海洋、大陆永久冻土、岛屿的斜坡地带、活动和被动大陆边缘的隆起处、极地大陆架和一些内陆湖的深水环境。

（1）全球可燃冰资源。

可燃冰是一种潜在的能源，储量很大。目前，天然气水合物资源的估计值仅仅是理论推测结果，变化范围较大，甚至相差几个数量级。据国际地质勘探组织估算，地球深海中水合甲烷的蕴藏量超过2.84×10^{21}立方米，据估算，可燃冰所含的有机碳总量相当于全球已知煤、石油和天然气总量的2倍，如图7－1所示为地球上有机碳的分布（10^{15}克），其中，海底气体水合物的有机碳含量是化石燃料的2倍。而且，在这些可燃冰层下面还可能蕴藏着1.135×10^{20}立方米的气体。而据美国地质调查局（USGS）通过广泛的调查，于2005年8月估计，认为世界海域基于水合物形式的天然气储量为1372×10^{15}立方米、陆地为336×10^{15}立方米。1立方米的“可燃冰”可以释放出164立方米的天然气。有专家认为，水合甲烷一旦得到开采，将使人类的燃料使用史延长几个世纪。

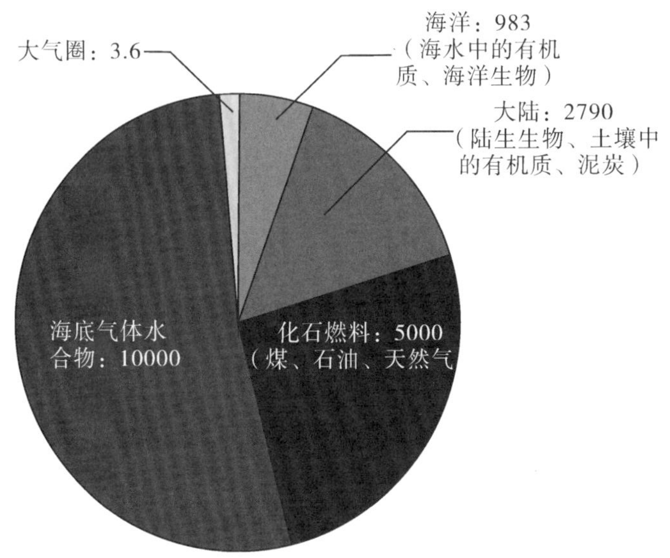

图 7－1 地球上有机碳的分布（10^{15}克）

科学家估计，可燃冰主要分布在海底之下 1000 米范围内，海底可燃冰分布的范围约占海洋总面积的 10%，分布面积达 4000 万平方千米。其矿床规模大，矿层一般厚数十厘米至百米，分布面积从数千到数十万平方千米，单个海域水合物中天然气的资源量可达数万到数百万亿立方米，规模之大，是其他常规天然气气藏无法比拟的。

可燃冰广泛分布在世界各地，主要分布在北半球的东、西太平洋和大西洋西部边缘（水深 300～4000 米）海底处及其下约 650 米沉积层内，以及大洋水深 100～250 米以下的极地海陆架和高纬度陆地永久冻土区。

经过美、俄、日等国的调查，已初步了解地球上 27% 的陆地和 90% 的海域均具备天然气水合物生成的温度、压力条件。现已在大西洋、太平洋和印度洋的陆地和陆隆区、巴伦支海、白令海等海域及美国墨西哥湾沿岸均有发现。海底可燃冰的主要分布区是大西洋海域的墨西哥湾、加勒比海、南美东部陆缘、非洲西部陆缘和美国东海岸外的布莱克海台等，西太平洋海域的白令海、鄂霍茨克海、千岛海沟、冲绳海槽、日本海、四国海槽、日本南海海槽、苏拉威西海和新西兰北部海域等，东太平洋海域的中美洲海槽、加利福尼亚滨外和秘鲁海槽等，印度洋的阿曼海湾，南极的罗斯海和威德尔海，北极的巴伦支海和波弗特海，以及大陆内的黑海与里海等。

可燃冰在世界范围内的分布见图7-2，其中，圆饼符号代表海洋和湖泊的分布，方块符号代表陆域冻土带的分布，深色符号则表示水合物的取样点，而浅色符号则表示推测出的水合物存在地点。

图7-2 全球可燃冰资源的分布

2008年，英国挪威斯瓦尔巴群岛西部海床、俄罗斯西伯利亚沿海大陆架底部都有水合物融气化现象。2009年，在墨西哥湾中部的Walker Ridge、Green Canyon地区发现天然气水合物砂岩储集层。2011年，世界上已发现的可燃冰分布区多达116处，其矿层之厚、规模之大，是常规天然气田无法相比的。科学家估计，海底可燃冰的储量至少够人类使用1000年。

（2）中国可燃冰资源。

在我国管辖的海域和陆地冻土带，天然气水合物资源的蕴藏量也非常可观。据专家分析，青藏高原的羌塘盆地和东海、南海、黄海的大陆坡及其深海，都可能存在体积巨大的可燃冰。2008年中国专家预测，可燃冰远景资源量在2000亿吨油当量以上。其中，南海海域储量约700亿吨油当量，青藏高原和黑龙江省冻土区储量约为1400多亿吨油当量。

从1999年开始，我国地质调查局组织有关单位，在南海海域某区首次开展可燃冰资源调查，发现可燃冰分布面积约8000平方千米。2007年6月17日，我国在南海北部成功钻获的可燃冰实物样品在广州亮相。根据中国国家发展和改革委员会公布的《中国石油替代能源发展概述》研究报告，南海海域可燃冰资源量约为700×10^8吨，相当于目前我国石油、天然气资源量的50%。南海北部坡陆（水深550~600米）可燃冰储量约185亿吨油当量，相当于南海深水勘探已探明的油气地质储备的6倍。其中，东沙群岛以东，海底坡陆430万平方千米的天然气水合物“冷泉”巨型碳酸盐岩喷溢区—九龙甲烷礁，目前为世界最大“冷泉”溢溢区。西沙海槽圈定的可燃冰区域分布面积为5242平方千米，储量约4.1亿立方米。东海冲绳海槽附近、东海盆地、南沙海槽已发现可燃冰存在的证据；东沙群岛西南部、黄海的大陆架及其深海可能存在可燃冰，目前正在研究中。

中国冻土区总面积215万平方千米，是世界上仅次于俄罗斯、加拿大的第三冻土大国。我国广大冻土地区具备良好的天然气水合物形成及储存条件和资源前景。2009年9月25日，中国国土资源部总工程师张洪涛先生在北京介绍，中国首次在陆域上发现可燃冰，使中国成为加拿大、美国之后，在陆域上通过国家计划钻探发现可燃冰的第三个国家。粗略地估算，青藏高原远景资源量至少有350亿吨油当量。其中，青藏高原五道梁多年冻土区（海拔4700米）远景储量可供应90年。青海省祁连山南缘天峻县木里地区（海拔4062米）储量占陆域总储量的1/4。东北黑龙江省漠河盆地，西藏风火山、乌丽地区，青藏高原羌塘盆地等都在进一步探测研究。

2013年6~9月，我国海洋地质科技人员在广东沿海珠江口盆地东部海域首次钻获高纯度天然气水合物样品，并通过钻探获得可观的控制储量。此次发现的天然气水合物样品具有埋藏浅、厚度大、类型多、纯度高4个主要特点。控制储量1000亿~1500亿立方米，相当于特大型常规天然气矿规模。

二、可燃冰开采技术研究及应用

（一）可燃冰的研究历程

全世界对天然气水合物的研究大致经历了三个阶段。

第一阶段是从1810年Davy合成氯气水合物和次年对气水合物正式命名到20世纪30年代初。这一阶段对气水合物的研究仅停留在实验室。1888年，Villard人工合成天然气（甲烷）水合物。

第二阶段从1934年美国Hammerschmidt发表关于水合物造成输气管道堵塞的有关数据到20世纪60年代，人们开始注意到气水合物的工业重要性，从负面加深了对气水合物及其性质的研究。在这个阶段，研究主题是工业条件下水合物的预报和清除、水合物生成阻化剂的研究和应用。

第三阶段从20世纪60年代至今，把气水合物作为一种能源进行全面研究和实践开发。20 世纪 60 年代，特罗费姆克等发现天然气可以以固态形式存在于地壳中，他的研究工作为世界上第一座天然气水合物矿田——麦索雅哈气田的发现、勘探与开发前期的准备工作提供了重要的理论依据，大大拓宽了天然气地质学的研究领域。1971 年前后，美国学者开始重视气水合物研究。1972 年，在阿拉斯加获得世界上首次确认的冰胶结永冻层中的气水合物实物。对气水合物储藏成功的理论预测、气水合物形成带内样品的成功检出和测试，被认为是 21 世纪最重大发现之一。这一阶段，世界各地科学家对气水合物的类型及物化性质、自然赋存和成藏条件、资源评价、勘探开发手段以及气水合物与全球变化和海洋地质灾害的关系等进行了广泛而卓有成效的研究。美国于 1998 年把可燃冰作为国家发展的战略能源列入国家级长远计划。日本开始关注可燃冰是在 1992 年，完成周边海域的可燃冰调查与评价。最先挖出可燃冰的是德国。

各国在 20 世纪 90 年代和 21 世纪初制订了可燃冰调查研究和开发计划。美国 1997 年启动的计划是准备投入 10 亿美元，计划在 2015 年实现商业开采。日本则在 1995 年启动投入 6 亿美元的计划，希望在 2018 年实现商业开采。德国在 2001 年投入 2. 3 亿欧元用于相关研究。

2000 年开始，可燃冰的研究与勘探进入高峰期，世界上至少有 30 多个国家和地区参与其中。其中以美国的计划最为完善——总统科学技术委员会建议研究开发可燃冰，参、众两院有许多人提出议案，支持可燃冰的开发研究。美国每年用于可燃冰研究的财政拨款达上千万美元。

2012 年 1 月，美国科学家在阿拉斯加附近开始了“二氧化碳置换法”的试验。该项目由美国能源部、康菲石油公司和 JOGMEC（日本石油天然气金属矿产资源机构）联合开发。研究显示，直接开采可燃冰会造成甲烷泄漏，其导致全球气候变暖的能力是二氧化碳的 25 倍左右。而海洋可燃冰开采难度更大，尚未有成熟的技术方案。美国科学家此次的试验是将废弃的二氧化碳注入海底的可燃冰储层，将其中的甲烷分子置换出来。研究人员表示，按此方法开采可燃冰，不仅释放的温室气体少，还能把大量二氧化碳送入深海。

为开发可燃冰这种新能源，国际上成立了由 19 个国家参与的地层深处海洋地质取样研究联合机构，有 50 个科技人员驾驶着一艘装备有先进实验设施的轮船从美国东海岸出发进行海底可燃冰勘探。这艘可燃冰勘探专用轮船的 7 层船舱都装备着先进的实验设备，是当今世界上唯一的一艘能从深海下岩石中取样的轮船，船上装备有能用于研究沉积层学、古人种学、岩石学、地球化学、地球物理学等的实验设备。这艘专用轮船由得克萨斯州 A&M 大学主管，英、德、法、日、澳、美科学基金会及欧洲联合科学基金会为其提供经济援助。

我国对“可燃冰”的研究起步较晚。1990 年，中国科学院与莫斯科大学冻土专业学者合作开展室内可燃冰合成试验。1992 年，史斗等人将当时国外有关天然气水合物研究的资料进行整理，翻译出版了中国第一部关于天然气水合物研究的中文资料《国外天然气水合物研究进展》。我国政府从 1997 年开始组织开展对天然气水合物的前期研究。1998 年，中国完成了“中国海域气体水合物勘测研究调研”课题，首次对中国海域的天然气水合物成矿条件及找矿远景做了总结。通过连续 10 年对南海天然气水合物资源前景调查研究，取得了丰富的地质勘查资料。

1999 年起，国土资源部启动了天然气水合物的海上勘查，发现我国南海北部陆坡存在非常有利的天然气水合物赋存条件，并取得了一系列地球物理学、地球化学、地质学、生物学等明显证据，对可燃冰成藏条件、成藏动力学过程和机制及富集规律等关键科学问题展开重点研究。1999—2001 年，中国地质调查局科技人员首次在南海西沙海槽发现了显示天然气水合物存在的地震异常信息。此项重大成果引起国家领导的高度重视，2002 年，国家批准设立了水合物专项“我国海域天然气水合物资源勘测与评价”。从此，我国正式踏上大规模、多学科、多手段的天然气水合物资源调查历程。

“十一五”期间，“863”计划海洋技术领域设立了“天然气水合物勘探开发关键技术”重大项目。国家科学技术部制定的《国家重点基础研究发展计划“十一五”发展纲要》（“973”计划）中，将“大规模新能源‘天然气水合物’的探索研究”列为能源领域重点研究方向。作为能源消费大国，我国高度重视对天然气水合物开采技术的研究，将天然气水合物列入国家能源发展战略的重大课题，已启动了 8.2 亿元的研究资金。

广州海洋地质调查局及中科院广州能源所是国内目前参与可燃冰研究与开发的主要机构。我国第一个国家天然气水合物研究中心是中科院广州天然气水合物研究中心，力争将该中心建成具有世界先进水平的天然气水合物研究中心。该中心将建成代表国家研究水平的天然气水合物研究平台。通过科学研究，建立我国天然气水合物的成藏理论，提出寻找天然气水合物的有效方法，形成我国天然气水合物开采方法和技术，为天然气水合物资源利用提供全面的理论指导和技术支持；为我国及国际天然气资源开采利用的政府决策提供客观建议及科学依据。该研究中心已经成功研制出了具有国际领先水平的可燃冰开采实验模拟系统。该系统的研究成功，将为我国可燃冰开采技术的研究提供先进手段。

中国石油大学经过5年攻关，开发研制的天然气水合物生成与开发模拟实验技术于2007年12月初获得成功。在实验室条件下，科研人员已将甲烷成功合成为天然气水合物，满足了目前我国天然气水合物实验研究的多项需求，同时为今后的工业化开采、运输积累了大量实验数据，使中国成为继日本、美国和俄国之后，第四个对天然气水合物进行研究开发的国家。中国石油大学成立天然气水合物研究中心，获得了国家“863”项目“天然气水合物成藏条件实验模拟技术”的主持权。在此背景下，有关科研机构急需拥有自主开发的模拟实验系统。中国石油大学仪器仪表研究所与中科院广州能源研究所、黑龙江科技学院等单位合作，连续研发了天然气水合物生成与开发模拟实验技术和多套相关仪器设备系统。应用该模拟实验技术与设备，在实验摩反应釜内高压低温条件下，已成功合成天然气水合物。该套系统体现三个特点：一是可视化程度高，能直接看见天然气水合物的生长过程，可用光、声、电多种检测方法探测天然气水合物的形成和分解；二是测试精度高，能清楚测出天然气水合物形成和分解的压力和温度；三是自动化程度高，实验中的数据采集与处理、图像采集均由计算机控制完成。2008年10月，我国首艘自主研制的可燃冰综合调查船“海洋6号”在武昌造船厂下水。

目前，我国多年冻土区天然气水合物研究仍处于起步阶段，除了开展的部分室内实验研究外，大部分的研究仍停留在定性的分析上。

2014年2月初，中国南海可燃冰研究通过验收，建立起中国南海天然气水合物基础研究系统理论。中国对战略替代能源可燃冰勘探开发技术的新一轮系统性研究也已启动，被科技部批准纳入国家“863”计划重点项目实施，执行期为4年。该项目首席科学家王宏斌公开称，该项目执行年度为2013—2016年，下设“可燃冰地球物理立体探测技术”“可燃冰流体地球化学精密探测技术”和“可燃冰样品保压转移及处理技术”等三个课题。中国在可燃冰钻探开发研究领域又向前迈进一步。

（二）可燃冰开采利用现状

目前，全世界可燃冰开采利用技术尚不成熟，基本上处于研究试验阶段，大规模开采利用尚需一段时间。

1. 可燃冰的开采技术

国际上对如何开采可燃冰尚没有可靠的方法，基本上处于研究、试验阶段。目前可燃冰的开采技术有热解法、减压开采法、化学试剂注入开采法、转换法和降解法等。

（1）热解法。

通过直接对可燃冰层进行加热，使可燃冰由固态分解出甲烷气体。这种方法经历了直接向可燃冰层中注入热流体加热、火驱法加热、井下电磁加热以及微波加热等发展历程。这种方法的缺点是不好收集，因为海底中的可燃冰不是集中成一片，如何布设管道高效收集是须解决的问题。目前对可燃冰的试采中，一般要先开凿一口1200米深的钻井，直通到可燃冰层，然后注入温水，让可燃冰溶于温水中，抽回地面进行分离。具体实施可以利用双重结构管道，在含水合物层打钻，在内侧管道注入高压温水，从外侧管道收回水合物，使其转化为甲烷气体。这一开采方法被认为是目前最有效的方法，但这种方法至今尚未很好地解决热利用效率较低的问题，而且只能进行局部加热，因此该方法尚有待进一步完善，仍处在探索阶段。

（2）减压开采法。

这是一种通过降低压力促使可燃冰分解的开采方法。减压途径主要有两种：一是采用低密度泥浆钻井减压；二是当可燃冰层下方存在游离气或其他流体时，通过泵出可燃冰层下方的游离气或其他流体来降低可燃冰层的压力。减压开采法的成本较低，适合大面积开采，尤其适用于存在游离气层的可燃冰的开采，是可燃冰的传统开采方法中最有前景的一种技术。但它对可燃冰层的性质有特殊的要求，只有当可燃冰位于温压平衡的边界附近时，减压开采法才具有经济可行性。

（3）化学试剂注入开采法。

通过向可燃冰层中注入某些化学试剂，如盐水、甲醇、乙醇、乙二醇、丙三醇等，破坏可燃冰层的平衡条件，促使可燃冰分解。这种方法虽然可降低初期能量输入，但所需的化学试剂费用昂贵，开采缓慢，而且还会带来一些环境问题，因此这种方法的研究相对较少。

（4）转换法。

这种方法首先由日本研究者提出，其原理是，在某一特定的压力范围内，可燃冰会分解，而二氧化碳水合物则易于形成并保持稳定。如果将二氧化碳液化，注入1500米以下的海洋中，使二氧化碳与可燃冰分解出的水生成水合物，由于二氧化碳水合物比海水密度大，会沉入海底将可燃冰中的甲烷分子挤出，即将其转换出来。这种作用释放出的热量又可使可燃冰的分解反应持续进行。

（5）固体开采法。

固体开采法最初是直接采集海底固态可燃冰，将可燃冰拖至浅水区进行控制性分解。这种方法后来演化为混合开采法，也称矿泥浆开采法。开采的具体步骤是，首先促使可燃冰在原地分解为气液混合相，采集混有气、液、固体水合物的混合泥浆，然后将这种混合泥浆导入海面作业船或生产平台进行处理，促使天然气水合物彻底分解，获取天然气。

（6）降解法。

通过将核废料注入海底，利用核辐射使可燃冰分解，这种方法存在与热解法相似的缺点，也存在需要布置管道进行高效收集的问题。

从以上各方法的使用来看，单独采用某一种方法来开采可燃冰是不经济的，只有结合不同方法的优点才能达到对可燃冰的有效开采。比如用热激发法分解气水合物，而用降压法提取游离气体。虽然单从技术角度来看，开发天然气水合物资源已具可行性，但是目前人们仍未找到一种在当前的科技条件下比较经济合理的开采方法。

2. 可燃冰利用现状

按照中国工程院院士金庆焕的判断，总体上现在可燃冰还处于试开采阶段。这意味着商业化到来尚需时日。目前各国的竞争领域主要还体现在科技攻关、调查评估上。

（1）世界可燃冰利用现状。

自20世纪60年代在北极气田的永久冻土下被发现以来，许多国家均对这种石油、天然气的替代能源给予关注，有的国家制订了10年或15年的长期勘查开发规划，预计10年后将实现全面开发利用。

俄罗斯麦索亚哈气田是全球唯一商业性开采天然气水合物的成功实例。麦索亚哈气田发现于20世纪60年代末，是第一个也是迄今为止唯一一个对天然气水合物藏进行了商业性开采的气田。该气田位于俄罗斯西伯利亚西北部，气田区常年冻土层厚度大于500米，具有天然气水合物赋存的有利条件。麦索亚哈气田为常规气田，气田中的天然气透过盖层发生运移，在有利的环境条件下，在气田上方形成了天然气水合物层。该气田的天然气水合物藏首先是经由减压途径无意中得以开采的。通过开采天然气水合物藏之下的常规天然气，致使天然气水合物层的压力降低，天然气水合物发生分解。后来，为了促使天然气水合物的进一步分解，维持产气量，特意向天然气水合物藏中注入了甲醇和氯化钙等化学抑制剂。由于可燃冰的存在，气田的储量增加了78%。至今已从该气藏的游离气中大约生产出80亿立方米天然气，从分解的可燃冰中生产出约30亿立方米天然气。

加拿大麦肯齐三角洲地区位于加拿大西北部，地处北极寒冷环境，具有天然气水合物生成与保存的有利条件。该区天然气水合物研究具有悠久的历史。早在1971—1972年间，在该区钻探常规勘探井MallikL238井时，偶然于永冻层下800~1100米井段发现了天然气水合物存在的证据。1998年，专为天然气水合物勘探钻探了Mallik 2L238井，该井于897~952米井段发现了天然气水合物，并采出了天然气水合物岩心。2002年，在麦肯齐三角洲地区实施了一项举世关注的天然气水合物试采研究。该项目由加拿大地质调查局、日本石油公司、德国地球科学研究所、美国地质调查局、美国能源部、印度燃气供给公司、印度石油与天然气公司等5个国家9个机构共同参与投资，是该区有史以来的首次天然气水合物开采试验，也是世界上首次这样大规模对天然气水合物进行的国际性合作试采研究。日本成为参与最积极、各方面投入最大的国家，并因此获得了很多重要的参数。这使日本在可燃冰的研究开发方面一直处于相对领先的地位。2007年2月，加拿大在Arctic Circle地区进行钻采开发，将从甲烷水合物中进行天然气试采。

美国阿拉斯加北部的普拉德霍湾—库帕勒克河地区，位于阿拉斯加北部斜坡地带。1972年，阿科石油公司和埃克森石油公司在普拉德霍湾油田钻探常规油气井时于664~667米层段采出了天然气水合物岩心。其后在阿拉斯加北部斜坡区进行了大量天然气水合物研究。美国1998年把可燃冰作为国家发展的战略能源列入国家级长远计划，在此基础上，2003年在该区实施了一项引人注目的天然气水合物试采研究项目。该项目由美国Anadarko石油公司、Noble公司、Mau2rer技术公司以及美国能源部甲烷水合物研究与开发计划处联合发起，目标是钻探天然气水合物研究与试采井—热冰1井。这是阿拉斯加北部斜坡区专为天然气水合物研究和试采而钻的第一口探井。根据此前制订的国家计划，美国将在2015年进行商业性试开采。不过，在未来一段时间内，天然气资源还较为充足，因此，美国对可燃冰尚没有紧迫的商业开采需求，也有专家认为需等到2025年才可能进行商业开发。

日本与美国合作也启动了天然气水合物研究计划。日本一直是世界头号液化天然气进口国，尤其在2011年3月福岛第一核电站核泄漏事故之后，电力缺口更大。为了实现能源自给，自2001年起，日本相继投资数亿英镑研制新型技术在沿海地区开采可燃冰。日本已圈定12块矿区，钻了7口探井。其中，静冈县御前崎市近海约7.4亿立方米，可供全国使用140年，在南海海槽的深海沟又发现可燃冰矿藏，2009年4月成立天然气水合物实验室，从太平洋板块开始甲烷水合物沉积物的试验性开发，9家日本公司，包括三井工程与建筑公司、Inpex控股公司和日本Yusen KK公司在内组建的财团，2007年12月初宣布，争取到2012年使天然气水合物生产和运送技术实现商业化。日本政府分析认为，在油价高于54美元/桶时，商业化开发天然气水合物已经具有经济性。2012年2月14日，日本在该国爱知县沿岸的近海海底启动了甲烷化合物钻探作业，本次钻探挖掘工作持续到3月下旬结束。承担本次钻探作业的是日本石油天然气和金属矿物资源机构的深海探测船“地球号”。钻探工作使用顶端装有人造金刚石的超高强度钻头，从水深约1000米的海底往下钻探大约300米，钻探到蕴藏可燃冰的地层后，设置4个钻井，1个钻井用于可燃冰的实际生产试验，其余钻井用于观测生产前后周围环境及温度的变化情况。本次作业是为2013年1~3月将要进行的可燃冰试验性开采做准备，这是世界上首次进行从海底挖掘可燃冰生产的实验。2013年3月12日，日本成功从爱知县附近深海可燃冰层中提取出甲烷，成为世界上首个掌握海底可燃冰采掘技术的国家，这一消息让非常规天然气再度趋热。据估算，该周边海域埋藏着约1万亿立方米的甲烷水合物，如果能够稳定生产，有望在2018年度实现商业生产。

韩国于2005年7月组建天然气水合物开发团队，由韩国石油公司、韩国天然气公司和韩国地质科学与矿产资源研究院联合组成，此后在东海进行了调查。韩国能源部于2007年6月下旬宣布，在其东海岸水域发现6×10^8吨天然气水合物，计划于2015年开始商业化生产，以满足其日益增长的能源需求。

印度投入5600万美元，于2005年在印度洋成功取样，在克里希纳戈达瓦里海底盆地勘测到储量巨大的天然气水合物资源。

（2）中国可燃冰利用现状。

近几年，我国的可燃冰的调查和勘探开发取得重大突破。中国地质调查局组织实施天然气水合物基础调查，通过系统的地质、地球物理、地球化学和生物等综合调查评价，初步圈定了我国天然气水合物资源远景区。2007年，我国南海北部可燃冰钻探顺利结束，中国科学家首次在南海北部的神狐海域的3个工作站位成功钻获高纯度可燃冰试验样品，成为继美国、日本、印度之后第4个通过国家级研发计划开采到可燃冰的国家。

2008年10月，我国首艘自主研制的可燃冰综合调查船“海洋6号”下水进行科学考察。截至2009年9月，我国已出动7艘调查船，实施26个航次，已完成全部外业调查，实施钻探井8个、取芯5孔、总进尺2286.4米。2009年通过勘测青藏高原五道沟永久冻土区、青海省祁连山南缘永久冻土带，发现远景资源量有350亿吨油当量以上。2013年，在南海北部陆坡再次钻探获得新类型的水合物实物样品，发现高饱和度水合物层，同年在陆域祁连山冻土区再次钻探获得水合物实物样品。

（三）可燃冰开采技术应用前景

按照目前的石油储量和人类对石油需求的不断增加，石油资源将在四五十年后被人类消耗光。按照专家的预测，目前发现储量是石油天然气2倍的可燃冰，正好可以接替上。

尽管储量丰富，但可燃冰的大规模商业应用尚面临诸多难题。要让可燃冰民用化，必须解决以下难题：

第一，可能导致大量温室气体排放，污染环境。可燃冰在给人类带来新的能源前景的同时，对人类生存环境也提出了严峻的挑战。可燃冰中甲烷的总量大致是大气中甲烷数量的3000倍。多数科学家认为，在导致全球气候变暖方面，甲烷所起的作用比二氧化碳要大10～20倍。温室效应造成的异常气候和海面上升正威胁着人类的生存。可燃冰非常不稳定，在常温和常压环境下极易分解。学者认为，可燃冰矿藏哪怕受到最小的破坏，甚至是自然的破坏，都足以导致甲烷气的大量溢出。若有不慎，让海底天然气水合物中的甲烷气逃逸到大气中去，而这种气体进入大气，无疑会增加温室效应，使地球升温更快，将产生无法想象的后果。2013年12月20日《科技日报》刊载中国工程院院士倪维斗观点称，在开采可燃冰的过程中，如果引起甲烷泄露，会加剧温室效应，且甲烷的危害要比二氧化碳厉害22倍。而且，开采可燃冰可能出现大规模的海底滑坡，海洋生态平衡遭到破坏，出现物种灭绝，造成生物礁退化。考虑到开发不当可能引发的环境灾害，世界各国均采取了谨慎的态度和明智的做法。我国的态度也一样，在没有找到理想的开采方法前，绝不会进入到商业化开采阶段。

第二，特殊的存在条件极有可能引发地质灾害。固结在海底沉积物中的可燃冰对沉积物的强度起着关键的作用。可燃冰的形成和分解能够影响沉积物的强度，一旦条件变化使甲烷气从可燃冰中释出，还会改变海底沉积物的物理性质，降低海底沉积物的工程力学特性，使海底软化，进而诱发海底滑坡等地质灾害的发生。2010 年 6 月 17 日新华网报道称，英国地质学家、利兹大学教授克雷奈尔认为，造成百慕大海域经常出现沉船、坠机事件的主要原因是海底可燃冰产生的巨大沼气泡。当海底发生猛烈地震活动时，被埋藏在海底的可燃冰就会泄露出来。可燃冰的主要成分甲烷，会在外界压力减弱的情况下迅速气化，致使海水密度降低，失去本来具有的浮力，而在此时，若有船只经过就会沉入海底；若有飞机经过时，甲烷气体遇到飞机灼热的发动机，就会立即燃烧爆炸。由此可见，正常的海底地震也加剧了可燃冰的开采难度。日益增多的研究成果表明，由自然或人为因素所引起的温度和压力变化，均可使水合物分解，造成海底滑坡、毁坏海底工程设施，如海底输电或通信电缆和海洋石油钻井平台等。

第三，存在运输困难。由于可燃冰在常压下不能稳定存在，温度超过 20℃时就会分解，因此解决储存问题是可燃冰被大规模开发利用的关键之一。目前勘探所获样品一般都保存在充满氦气的低温封闭容器中，对于大规模的储存和运输手段，目前各国还在加紧研究相关技术和设施。目前挪威科学家开发出一种方法，将天然气转变为可燃冰，在保持稳定的条件下冷藏起来运输，到目的地后再融化成气。

第四，目前技术条件下开采成本过于高昂。目前可燃冰的开采成本高达 200 美元/立方米，折合成天然气要 1 美元/立方米，原因除了勘探规模太小，没有形成规模效应外，勘探可燃冰所需的运输工程费用都很高，这也是勘测、开采可燃冰不得不面对的问题。天然可燃冰呈固态，不会像石油开采那样自喷流出。可燃冰分布区域较为分散，一次钻探开采的效率较低，而且由于其物理形态在常温常压中不稳定，因此，在开采过程中还需要进行加热气化，这些无疑也提高了开采的难度与成本。如果把它从海底一块块搬出，在从海底到海面的运送过程中甲烷就会挥发殆尽，同时还会给大气造成巨大危害。由于可燃冰埋藏于海底的岩石中，和石油、天然气相比，不易开采和运输，世界上至今还没有完美的开采方案。开采的最大难点是保证井底稳定，使甲烷气不泄漏、不引发温室效应。目前，世界上还没有一个国家能对可燃冰进行大规模商业开采。从各国进行的试验性开采看，这些方法要么技术复杂成本高昂，要么不适合大规模作业。

目前开采方法技术复杂、速度慢、费用高，而且海洋中水合物的压力较高，实现管道合理布设、天然气的高效收集较困难。开采过程中保证海底稳定、使甲烷气体不泄露是关键，日本对此提出了“分子控制”方案，美国在2005 年成功模拟生产海底可燃冰。但是，海洋中可燃冰的形成深度较大，加之环境复杂，开采难度较大，虽然利用各种技术和方法在海洋中发现有大量的可燃冰，但至今尚无一个国家对海洋可燃冰进行开采。

对于在陆地分布的可燃冰，其开采看似比在海洋中开采相对容易，但由于可燃冰分布在永久冻土层内，开采出来仍有着许多技术难题。如何将可燃冰完整开采取出，所使用的钻具材料、结构及钻探施工工艺等，都需要进行进一步的研究试验。在没有解决开发天然气水合物对自然界环境的影响问题之前，天然气水合物还不能像常规一次性矿产资源那样大量开采。

然而，有一些科学家认为，可燃冰毕竟是一种替代能源，随着世界石油、天然气和煤炭资源的枯竭，利用可燃冰已成为一种必然趋势，不过是时间早晚的事。因此，应该及早动手研究可开发利用的途径。科学家们认为，一旦开采技术获得突破性进展，那么可燃冰立刻会成为 21 世纪的主要能源。

基于可燃冰所能带来的美好能源前景，各国都在积极寻找突破口。美国能源局 2013 年 11 月 20 日宣布，将投入 500 万美元支持 7 个全国性可燃冰研究项目，用于研究可燃冰的提取办法、商业化前景及从中提取天然气的环境影响。一些国家开始实施循序渐进的稳健开采计划，将近期主要目标集中于可燃冰成藏机制与富集区优选方面，以平稳的投资力度维持着可燃冰勘探开发研究的持续进行。例如，日本原计划于 2010 年实现可燃冰的开发利用，现在推迟到2018 年。

鉴于我国发现巨大的可燃冰资源，我国已启动了相关探索利用项目。在未来 10 年，中国将投入 8 亿元进行勘探研究。我国可燃冰的利用和开采技术研究，与国外相比至少晚了 20 年，目前我国已开始加速追赶。国内可燃冰预计实现商业开发目前还有待技术上的突破。预计 2020 年前后有望实现工业开采。国家发改委公布的《中国石油替代能源发展概述》研究报告表示，中国将投入8 亿元进行“可燃冰”的勘探研究，乐观估计，中国在 30 年内能够实现“可燃冰”的商业化开发。

2014 年 7 月 29 日，由中国地质调查局与中国科学院主办的第八届国际天然气水合物大会在北京开幕，大会传来消息，我国计划于 2015 年在中国海域实施天然气水合物的钻探工程，将有力推动中国可燃冰勘探与开发的进程，引发中国新能源开发利用的革命。

可燃冰带给人类的不仅是新的希望，同样也有新的困难，可燃冰的开采利用仍是国际科学界的难点。据预测，国际上在2015年后能实现陆上冻土区天然气水合物的商业性开发，2030—2050年有望实现海底天然气水合物的商业性开发。而我国在今后10～15年间，关于天然气水合物研究的重点仍将集中解决调查评价和开采的技术方法。预计我国在2020年前后有望实现工业开采，最快到2030年实现商业生产，陆域可燃冰预计10～15年内，海域的预计在20年后。

近两三年来的页岩气革命后，能源格局已经从中东向北美倾斜。相比近两三年全球热炒的页岩气，可燃冰蕴藏的天然气资源量还多很多倍。研究人员称，如果未来可燃冰开采成功，能源格局将重新洗牌，能源生产也更为分散，现存的世界能源市场格局将完全改变。随着常规能源的日益减少和科学技术的发展，天然气水合物作为庞大的能源储备在人类社会的发展过程中必将发挥重要的作用，谁主导了天然气水合物开发，谁就主导了下一代能源。不过，可燃冰的商业开采的前景没有时间表，何时能有大的突破也是未知数。

第八章　氢　能

一、基础知识

（一）氢能的概念

氢，不仅是最轻的气体，而且是宇宙中最古老的物质。根据大爆炸宇宙学说，宇宙发生大爆炸后约3分钟形成氢原子并占据了宇宙物质的大部分。氢是宇宙中最常见的元素，宇宙质量的75%都是氢，占太阳总质量的84%。

氢能，是指氢气所含有的能量，氢能是化学能，实质上氢能是一种二次能源，是一次能源的转换形式。也可以说，它只是能量的一种储存形式。

氢能具有资源丰富、来源多样性、燃烧性能好、热值高、用途广泛、环保性能好、潜在经济效益高等特点：

（1）资源丰富、来源多样性。

在地球上的氢主要以混合物的形式存在，如水、甲烷、氨、烃类等。而水是地球上的主要资源，地球表面70%以上被水覆盖；即使在陆地，也有丰富的地表水和地下水。氢气可由水电解制取，水取之不尽，而且每千克水可制备1860升氢氧燃气。氢也可以由各种常规能源（如天然气、煤和煤层气等化石燃料）制备；也可以由新能源，如太阳能、风能、生物质能、海洋能、地热能或其他二次能源如电力等获得。

（2）燃烧性能好、高温高热值。

氢具有高挥发性，氢的燃烧性能好，点燃快，与空气混合时有广泛的可燃范围，而且燃点高，燃烧速度快。氢氧焰火焰挺直，热损失小，利用效率高。氢氧焰温度高达2800度，高于常规液气燃料。氢的发热值是除核燃料外所有化石燃料、化工燃料和生物燃料中最高的，约为汽油或天然气的2.7倍和煤的3.5倍，如表8－1所示。

表8－1 几种燃料的燃烧值和二氧化碳排放量

燃料	代表性分子式	发热量/（千焦·克$^{-1}$）	CO_2排放量/（克·千焦$^{-1}$）
煤	C	33.9	0.108
轻油	$C_{16}H_{34}$	44.4	0.070
汽油	C_8H_{18}	44.4	0.069
甲醇	CH_3OH	20.1	0.069
天然气	CH_4	20.1	0.057
氢气	H_2	120.2	0

（3）安全环保性能好。

氢气分子量为2，在0℃和一个大气压下，每升氢气只有0.0899克重，仅相当于同体积空气重量的2/29。因此，氢气泄漏于空气中会自动逃离地面，不会形成聚集。而其他燃油燃气均会聚集地面而构成易燃易爆危险。无味无毒，不会造成人体中毒。与其他燃料相比，氢气燃烧时清洁，不会对环境排放温室气体，除了生成水和少量氮化氢外（但比石油燃料燃烧时的产生量低80%），不会产生诸如CO、CO_2、碳氢化合物、铅化物和粉尘颗粒等对环境有害的污染物质。

（4）用途广泛、潜在的经济效益高。

氢可以以气态、液态或固态的金属氢化物的形式使用，能适应储存及许多应用环境的不同要求，可直接作为燃料，如液态氢可以作为火箭燃料，也可作为化学原料和其他合成燃料的原料，如氢气与其他物质一起用来制造氨水和化肥，同时也应用到汽油精炼工艺、玻璃磨光、黄金焊接、气象气球探测及食品工业中。目前，氢的主要来源是石油产品的提炼、煤的气化和水的分解等，成本还比较高。今后通过利用太阳能等能源大量制氢，氢的成本会进一步降低，使制氢的价格可与化石燃料的价格相竞争。

由以上特点可以看出氢是一种理想的新的含能体能源。目前液氢已广泛用作航天动力的燃料，但氢能实用化存在以下需要解决的技术难题：

（1）大量地且低成本地制造氢的技术开发。

（2）安全地储藏、运送氢的技术开发，氢气密度小，容易气化、着火、爆炸，很难液化，高压存储不安全。

（3）高效率地转换氢能、将氢能用于社会各行各业的技术开发。

（二）氢能的来源

氢蕴藏于浩瀚的海洋之中。据估算，地球上的海水约为1.37×10^{10}亿吨，其中含氢量约为1.5×10^{9}亿吨，所产生的热量是地球上矿物燃料的9000倍。

氢能是一种二次能源，虽然氢是地球上最丰富的元素，但自然氢的存在极少。因此必须将含氢物质分解后方能得到氢气。因此要开发利用这种理想的清洁能源，必须首先开发氢源，即研究开发各种制氢的方法。

最丰富的含氢物质是水，其次就是各种矿物燃料（煤、石油、天然气）及各种生物质等。目前世界上的制氢方法主要是以天然气、石油、煤为原料，在高温下使其与水蒸汽反应或部分氧化法制得。

我国目前的氢气主要来源有两类：一是采用天然气、煤、石油等蒸气转化制气或是甲醇裂解、氨裂解、水电解等方法得到含氢气源，再分离提纯这些含氢气源；二是从含氢气源如：精炼气、半水煤气、城市煤气、焦炉气、甲醇尾气等用变压吸附法（PSA）、膜法来制取氢气。

制氢方法主要有以下几种：

1．电解水制氢

电解水制氢是目前最为广泛使用的制氢技术，这种方法是基于如下的氢氧可逆反应：

$$H_2+\frac{1}{2}O_2\Leftrightarrow H_2O+\triangle Q$$

分解水所需要的能量$\triangle Q$是由外加电能提供的。两个电极（阴极和阳极）分别通上直流电，并且浸入水中时，在催化剂和直流电的作用下，水分子在阳极失去电子，被分解为氧气和氢离子，氢离子通过电解质和隔膜到达阴极，与电子结合生成氢气，这个过程就是电解水，其装置即电解槽。为了提高制氢效率，电解通常在高压下进行，采用的压力多为3.0～5.0兆帕。

目前电解水制氢方法可以分为3种：碱性水溶液电解、固体聚合物电解质电解和高温水蒸气电解。目前国内外广泛研究的电解水制氢反应有电解海水制氢，可再生资源电解水制氢。

2．化石燃料制氢

以煤、石油及天然气为原料是目前制取氢最主要的方法，但其储量有限，且制氢过程会对环境造成污染。制得的氢气主要作为化工原料，有些含氢气体产物也作为气体燃料供应城市煤气。

（1）煤原料制氢。

煤制氢是一个比较传统的技术，常用于合成氨的造气或者大规模的氢气供应场合，例如10000立方米/小时以上的氢气供应量。

以煤为原料制取含氢气体方法主要有煤的焦化（又称高温干馏）和煤的气化两种。焦化是煤在隔绝空气条件下，在900℃～1000℃制取焦炭，副产品为焦炉煤气。焦炉煤气可作为城市煤气，也是制取氢气的原料。气化是指煤在高温常压或加压下，与气化剂反应转化成气体产物。

煤制氢也称为煤炭气化制氢气。煤制氢由煤蒸气转化制煤气、煤气净化、煤气变换和变压吸附提纯氢气四部分组成，煤炭或者焦炭在高温下与水蒸气发生反应，生成主要含有氢气、一氧化碳和二氧化碳的煤气，煤气再经过降温、除尘和脱硫后，与水蒸气混合进行变换反应，大部分一氧化碳转化为氢气和二氧化碳，成为变换气，然后，变换气通过变压吸附过程，得到高纯度的氢气。

在煤炭资源丰富的地区，而且氢气规模在1000立方米/小时以上，煤制氢是很好的选择。

（2）天然气制氢。

以天然气或轻质油为原料制取氢气是在有催化剂存在条件下与水蒸气反应转化制得氢气。

天然气制氢气是一个比较传统的技术，以前常用于大规模的氢气供应场合，例如5000立方米/小时以上的氢气供应量。在天然气丰富的地区，天然气制氢是较好的选择。天然气制氢由天然气蒸汽转化制转化气和变压吸附提纯氢气两部分组成，压缩并脱硫后天然气与水蒸气混合后，在镍催化剂的作用下于820℃～950℃将天然气物质转化为氢气、一氧化碳和二氧化碳的转化气，转化气可以通过变换将一氧化碳变换为氢气，成为变换气，然后，转化气或者变换气通过变压吸附过程，得到高纯度的氢气。

天然气制氢的主要技术：天然气蒸汽一段转化技术，适合中小规模的制氢；天然气两段换热式转化技术，适合中等规模的制氢技术；天然气蒸汽一段转化串接纯氧二段转化技术，适合于中大规模的制氢；天然气部分氧化制氢，适合大规模的制氢；焦炉气部分氧化制氢，适合焦炉气资源丰富的地区。

此外，还可以用常压、减压渣油及石油深度加工后的燃料油等重油为原料，与水蒸气及氧气反应后可制得含氢气体产物，这种方法原料成本较低。

3. 热化学制氢

热化学制氢，即用加热化学反应方法制取氢气。到目前为止虽有多种热化学制氢方法，主要有水热化学循环制氢和硫化氢热化学循环制氢。

水热化学循环制氢是指通过外加高温使水起化学分解反应来制取氢气，即在含有添加剂的水系统中，在不同温度下，经历几个不同反应阶段，最终将水分解为氢气和氧气的化学反应过程。在这个过程中，除消耗水和一定热量外，参与过程的添加元素或化合物均不消耗，可以再生和反复利用。整个反应过程构成一封闭循环系统，与水的直接热解制氢相比较，热化学制氢的每一步反应均在较低的温度（1073～1273 开）下进行，能源匹配，设备装置耐温要求以及投资成本等问题，都相对比较容易解决。热化学循环分解水制氢之所以受到广泛重视，是因为从能量核算与电解法相比，可能成为能耗最低和最合理的制氢工艺。

硫化氢热化学循环制氢是目前研究的课题，它不仅仅获得氢气和有用的化工原料——硫黄，同时为消除硫化氢的污染做出重大贡献。

但是，各种热化学制氢的方法总效率都不高，仅为 20%～50%，而且还有许多工艺问题需要解决，依靠这种方法来大规模制氢还有待进一步研究。

4. 生物制氢

生物制氢目前主要有生物质气化制氢和微生物制氢两种方法。

生物质气化制氢是将生物质原料如薪柴、锯末、麦秸、稻草等压制成型后，在气化炉（或裂解炉）中进行气化或裂解反应可制得含氢燃料气。生物质是重要的可再生能源，生物质制氢技术具有良好的环境性和安全性。

微生物制氢，也叫生物法制氢，是利用微生物在常温常压下生物反应制取氢气的方法，可分为厌氧发酵有机物制氢和光合微生物制氢两类。光合微生物制氢是采用各种工业和生活有机废水及农副产品的废料作为原料，利用某些细菌或水藻在太阳光照下通过光合作用放出氢气。厌氧发酵有机物制氢是通过厌氧细菌的氢化酶作用，将碳水化合物等有机物通过发酵作用分解产生氢气。以造纸工业废水、发酵工业废水、农业废料（秸秆、牲畜粪便等）、食品工业废液等为原料进行生物制氢，既可获得洁净的氢气，又不另外消耗大量能源。

5. 其他制氢技术

随着新能源的发展，以水为原料、利用新能源大规模制氢已成为世界各国共同努力的目标。其中太阳能制氢最具吸引力，也最有现实意义。太阳能制氢有多种形式，包括太阳热分解水制氢、太阳能电解水制氢、太阳能光化学分解水制氢、太阳能光电化学分解水制氢、模拟植物光合作用分解水制氢、光合微生物制氢等。

等离子化学法制氢是在离子化较弱和不平衡的等离子系统中进行的，也适用于硫化氢制氢，可以结合防止污染进行氢的生产。等离子体制氢过程能耗很高，因而制氢的成本也很高。

核能制氢技术也是一种实质上利用热化学循环的分解水的过程，即利用高温反应堆或者核反应堆的热能来分解水制氢。

目前，氢主要用作化工原料而并非能源，要发挥氢对有效利用各种一次能源的重要作用，必须在大规模高效制氢方面获得突破。

6. 氢气纯化技术

无论采用何种原料制氢，一般只能得到含氢的混合气体，需进行氢气提纯以得到符合能源工业和现代工业要求的高纯度的氢气。氢气纯化，即利用物理或化学的方法，除去氢气中的杂质。

氢气纯化方法很多，可分为实验室纯化方法和工业纯化方法。实验室纯化方法主要有催化纯化、聚合物膜扩散法、金属氢化物法。工业纯化方法包括工业化低温分离、变压吸附、无机膜分离法等。其中膜分离法、低温吸收法等方法无法得到高纯度的氢。目前，用于精制高纯度的氢的方法有冷凝—低温吸附法、低温吸收—吸附法、变压吸附法、钯膜扩散法、金属氢化物法及这些方法联合使用。

二、氢能实用化技术

氢的用途主要有以下几个方面：氢作为一种高能燃料，用于航天飞机、火箭等航天行业及城市公共汽车中；氢气用做保护气应用于电子工业中，如在集成电路、电子管、显像管等的制备过程中，都是用氢作为保护气的；在炼油工业中用氢气对石脑油、燃料油、粗柴油、重油等进行加氢精制，提高产品的质量及除去产品中的有害物质如硫化氢、硫醇、水、含氮化合物、金属等，还可以使不饱和烃进行加氢精制；氢气在冶金工业中可以作为还原剂将金属氧化物还原为金属，在金属高温加工过程中可以作为保护气；在食品工业中，食用的色拉油就是对植物油进行加氢处理的产物；在精细有机合成工业中，氢气也是重要的合成原料之一；在合成氨工业中氢气是重要的合成原料之一；氢气还可以作为填充气，如在气象观测中的气球就是用氢气填充的；在分析测试中氢气可以作为标准气，在气相色谱中氢气可以作为载气。

氢作为一种新能源，要大规模推广应用，需要发展氢的安全储运技术以及氢能的高效转换利用技术，如氢的储运、氢能燃料电池、氢内燃机等。

（一）氢能储运技术

氢的储存是一项至关重要的技术，氢在一般条件下是以气态形式存在的，这就为储存和运输带来很大的困难。储氢问题是制约氢经济的瓶颈之一，储氢问题不解决，氢能的应用则难以推广。

氢的储存有三种方法：高压气态储存；低温液氢储存；金属氢化物、有机氢化物和吸氢材料强化压缩等形式储存。衡量一种氢气储存技术好坏的依据有储氢成本、储氢密度和安全性等几个方面。

目前，氢气的储存技术主要有以下几种：

1. 压缩气态储氢技术

压缩储氢是最常见的一种储氢技术，通常采用体积大、质量重的钢瓶作为容器，由于氢密度小，故其储氢效率很低。此外，加大压力来提高携氢量将有可能导致氢分子从容器壁逸出或产生氢脆。为解决上述问题，加压压缩储氢技术近年来的研究方向主要体现在改进容器材料和研究吸氢物质两方面。

一方面是对容器材料的改进，目标是使容器耐压更高，自身质量更轻，以及减少氢分子透过容器壁产生氢脆现象等。过去十多年来，在储氢容器研究方面已取得了重要进展，储氢压力及储氢效率不断得到提高，目前容器耐压与质量储氢密度分别可达 70 兆帕和 7% ~8%。所采用的储氢容器通常以锻压铝合金为内胆，外面包覆浸有树脂的碳纤维。这类容器具有自身质量轻、抗压强度高及不产生氢脆等优点。德国基尔 HDW 造船厂所研制的新型储氢罐内装有特种合金栅栏，气态氢被高度压缩进栅栏内，其储氢量要比其他容器大得多，另外这种储氢罐所用材料抗压性能好，可靠性高，理论使用寿命可达 25 年，是一种既安全又经济的压缩储氢工具。

另一方面是在容器中加入某些吸氢物质，大幅度地提高压缩储氢的储氢密度，甚至使其达到“准液化”的程度，当压力降低时，氢可以自动地释放出来。这项技术对于实现大规模、低成本、安全储氢具有重要的意义。

压缩储氢技术简单易行，有望成为最为普遍的氢能储运技术。

2. 低温液氢储存技术

低温液氢储存技术是将纯氢冷却到20开（-253℃），使之液化后装到“低温储罐”中储存。为了避免或减少蒸发损失，储罐做成真空绝热的双层壁不锈钢容器，两层壁之间除保持真空外还放置薄铝箔以防止辐射。

该技术具有储氢密度高的优点，对于氢燃料的移动用途而言具有十分诱人的应用前景。然而，由于氢的液化十分困难，实际应用中液化储氢需要一个或多个冷却循环装置，导致液化成本较高；其次是对容器绝热要求高，使得液氢低温储罐体积约为液氢体积的2倍，因此目前只有少数汽车公司推出的氢燃料电池汽车样车上采用该储氢技术。

墨西哥SS—Soluciones公司发明了一种能循环冷却的装置，内部是特殊冷却材料CRM，其最大特性是热焓变化大，该液化储氢系统有望很快应用到燃料电池车的供氢装置中。

总的来说，液化储氢技术是一种高效的储氢技术，存在的问题主要是液化成本太高。2004年德国Linde公司曾宣称可使液氢制备价格与欧洲的石油价格相当，但这还未成为公认的事实。如果能够有效降低氢的液化成本，液化储氢技术也将是一种非常有前景的储氢技术。

3. 金属氢化物储氢技术

金属氢化物储氢技术的原理一般是金属氢化物的可逆化学反应，通过氢化物的生成与分解储氢。由于氢在金属氢化物中以原子形态储存，这种储氢技术的最大优势在于高体积储氢密度和高安全性。但该技术还存在两个突出问题：①由于金属氧化物自身质量大而导致其质量储氢密度偏低。②金属氢化物储氢成本偏高。

目前主要使用的储氢金属氢化物可分为4类：①稀土镧镍，储氢密度大。②钛铁合金，储氢量大、价格低，可在常温、常压下释放氢。③镁系合金，是吸氢量最大的储氢合金，但吸氢的速率慢、放氢温度高。④钒、铌、锆等多元素系合金，由稀有金属构成，只适用于某些特殊场合。

目前金属氢化物储氢主要用于小型储氢场合，如二次电池、小型氢燃料电池等。此外，很多公司正尝试将金属氢化物用于规模储氢。

4. 碳材料储氢技术

用作储氢的碳材料主要有活性炭、石墨纳米纤维GNFs和碳纳米管CNTs。由于材料内孔径的大小及分布不同，这三类碳材料的储氢机理也有区别。活性炭储氢的研究始于70年代末，该材料储氢面临最大的技术难点是氢气需先预冷至液氮温度以下吸氢量才有明显的增长，且由于活性炭孔径分布较为杂乱，氢的解吸释放速度和可利用容积比例均受影响。碳纳米材料是一种新型储氢材料，选用合适催化剂，优化调整工艺过程参数，可使其结构更适宜氢的吸/脱附，将它用于氢动力系统的储氢介质前景良好。

5. 其他储氢技术

20世纪70年代，有学者提出了利用可循环液体化学氢载体储氢的构想，其优点是储氢密度高、安全和储运方便；缺点是储氢及氢的释放均涉及化学反应，需要具备一定条件并消耗一定能量，不像压缩储氢技术那样简便易行。

针对不同用途，目前发展起来的还有无机物储氢、地下岩洞储氢、“氢浆”新型储氢、玻璃空心微球储氢的技术；以复合储氢材料为重点，做到吸附热互补、质量吸附量与体积吸附量互补的储氢材料已有所突破；掺杂技术也有力地促进了储氢材料的性能提高。

6. 氢的输送

氢输送主要输送四种状态的氢：低压氢气、高压氢气、液氢和固态氢（金属氢化物储氢和有机氢化物储氢等），其中目前大规模使用的是气氢和液氢输送。

氢输送技术主要有管道输送和车船运输。选择何种输送方式基于以下四点综合考虑：输送过程的能量效率、氢的输送量、输送过程氢的损耗、输送里程。根据氢的输送里程、用氢要求及用户分布情况，气氢可以用管网或通过储氢容器装在运输工具上进行输送。管网输送一般用于用量大的场合，而车船运输适合于用户数量比较分散的场合。液氢输送一般采用车船输送。

氢虽然有很好的可输送性，但不论是气态氢还是液态氢，它们在使用过程中都存在着不可忽视的特殊问题。首先，由于氢特别轻，与其他燃料相比在输送和使用过程中单位能量所占的体积特别大，即使液态氢也是如此。其次，氢特别容易泄漏，以氢作为燃料的汽车行驶试验证明，即使是真空密封的氢燃料箱，每24小时的泄漏率就达2%，而汽油一般一个月才泄漏1%。因此对储氢容器和输氢管道、接头、阀门等都要采取特殊的密封措施。再次，液氢的温度极低，只要有一点滴掉在皮肤上就会发生严重的冻伤，因此，在输送和使用过程中应特别注意采取各种安全措施。

（二）氢燃料电池技术

1. 技术简介

1839 年，William Grove 成功地将 H_2 和 O_2 分别作为燃料和氧化剂，使传统的电解水过程在电池中进行逆反应，产生了电流。人们通常以此作为燃料电池发展的起点。1889 年，Mond 和 Langer 首先采用了“燃料电池”一词来命名这类电池。迄今，燃料电池已经历了一个多世纪的发展历程。

所谓燃料电池（fuel cell，FC），是一种直接将储存在燃料和氧化剂中的化学能高效地转化为电能的发电装置。这种装置的最大特点是由于反应过程不涉及燃烧，因此其能量转换效率不受“卡诺循环”的限制，能量转换效率高达 60% ~80%，实际使用效率是普通内燃机的 2 ~3 倍。氢燃料电池与普通燃料电池一样，由阳极、阴极和电解质组成，其工作原理是电解水的逆反应，即氢气与氧气发生电化学反应生成水并释放出电能。

氢燃料电池有诸多优点，它体积小、重量轻；无传动部件、噪声小，特别适合在潜艇等场合中使用；无污染，只有水排放，用它装成的电动车，称为“零排放车”“绿车”；起动快，8 秒钟即可达全负荷；热效率高，它是目前各类发电设备中效率最高的一种；可以模块式组装，即可任意堆积成大功率电站；可靠性高及维修性好等。氢燃料电池被认为是 21 世纪全新的高效、节能、环保的发电方式之一。

现在，由于技术的成熟，氢燃料电池造价已大幅度降低，逐步由宇航电源转向地面应用。其用途广泛，可与太阳能电站、风力电站等建成储能站，也可建成夜间电能调峰电站，可望比抽水储电站占地少，投资低。

2. 氢燃料电池的分类

氢燃料电池可按其工作温度或电解质分类。氢燃料电池电解质决定了电池的操作温度和在电极中使用何种催化剂。按燃料电池的电解质将其分为：碱性燃料电池（AFC）、质子交换膜燃料电池（PEMFC）、磷酸燃料电池（PAFC）、熔融碳酸盐燃料电池（MCFC）和固体氧化物燃料电池（SOFC）。

（1）碱性燃料电池（AFC）。

在 AFC 中，浓 KOH 溶液既当作电解液，又作为冷却剂。它起到从阴极向阳极传递 OH^- 的作用。电池的工作温度一般为 80℃，并且对 CO_2 中毒很敏感。

（2）质子交换膜燃料电池（PEMFC）。

PEMFC 有称为固体聚合物燃料电池（SPFC），一般在50℃～100℃下工作。电解质是一种固体有机膜，在增湿情况下，膜可传导质子。一般需要用铂作催化剂，电极在实际制作过程中，通常把铂分散在炭黑中，然后涂在固体膜表面上。但是，在这个温度下，铂对 CO 中毒极其敏感。CO_2存在对 PEMFC 性能影响不大。PEMFC 的分支，直接甲醇燃料电池（DMFC）受到越来越多的重视，有的学者将其单独列为一类。

（3）磷酸燃料电池（PAFC）。

PAFC 是最早的一类燃料电池，这种燃料电池的操作温度为 200℃，最大电流密度可达到 150 毫安/平方厘米，发电效率约 45%，氧化剂用空气，但催化剂为铂系列，发电成本尚高，每千瓦小时 40～50 美分，目前工艺流程基本成熟，美国和日本已分别建成 4500 千瓦及 11000 千瓦的商用电站。

（4）熔融碳酸盐燃料电池（MCFC）。

MCFC 一般称为第二代燃料电池，其运行温度 650℃左右，发电效率约 55%。这种燃料电池的电解质是液态的，由于工作温度高，可以承受一氧化碳的存在，燃料可用氢、一氧化碳、天然气等均可。发电成本每千瓦小时可低于 40 美分，日本三菱公司已建成 10 千瓦级的发电装置。

（5）固体氧化物燃料电池（SOFC）。

SOFC 被认为是第三代燃料电池，其使用的电解质一般是掺入氧化钇或氧化钙的固体氧化锆，氧化钇或氧化钙能够稳定氧化锆的晶体结构，其操作温度在 1000℃左右，发电效率可超过 60%，它适于建造大型发电站，目前不少国家在研究，美国西屋公司正在进行开发，可望发电成本每千瓦小时低于 20 美分。

综上所述，可将燃料电池的基本情况列于表 8－2 中。

表 8－2 燃料电池的基本数据

电池种类	工作温度/℃	可用燃料气体	氧化剂	单电池发电效率（理论）/%	单电池发电效率（实际）/%	电池系统发电效率/%
碱性 AFC	60～90	纯氢	纯 O_2	83	40	
聚合物电介质膜 PEMFC	80	氢，其中 $C^{[CO]} < 10^{-5}$	O_2 空气	83	40	
磷酸 PAFC	160～220	氢，甲烷，天然气	O_2 空气	80	55	40

（续表）

电池种类	工作温度/℃	可用燃料气体	氧化剂	单电池发电效率（理论）/%	单电池发电效率（实际）/%	电池系统发电效率/%
熔融碳酸盐 MCFC	660	氢，甲烷，天然气，煤气	O_2 空气	78	47～50 ［H_2］	48～55 60
高温固体氧化物 SOFC	900～1000	氢，甲烷，天然气，煤气	O_2 空气	73	44～47 ［H_2］	55～60
低温固体氧化物 SOFC	400～700	氢，甲醇	O_2 空气	73	—	55～60

3. 氢燃料电池的发展现状及应用前景

现代对燃料电池的研究和开发始于20世纪50年代，并以60年代美国将燃料电池成功地应用到载人航天飞行器为标志，使燃料电池在这一特殊领域步入实用化阶段。80年代以后，燃料电池从空间运用转入民用。进入90年代，由于全球性能源紧缺问题日趋突出以及环境保护和可持续发展的迫切要求，燃料电池因其突出的优越性得到了蓬勃的发展，洁净电站、便携式电源即将进入商业化阶段，燃料电池动力汽车进入实验阶段。

我国对燃料电池的研究起步较晚，“九五”期间才开始较大规模的燃料电池的研制工作，并取得了一定的进步；“十五”期间国家加大了对燃料电池的投入，现阶段中国燃料电池技术提高较快，在某些方面已达到国际先进水平。2008年第29届北京奥运会期间，由上海大众、上燃动力、同济大学共同研发提供的20辆燃料电池轿车，作为北京市运输局奥运外围交通保障团队公务用车和科技部公务用车示范运行；北汽福田、清华大学共同研发提供的3辆燃料电池客车在公交801线路上运行。燃料电池轿车和客车还完成了8月17日奥运女子马拉松和28日男子马拉松的赛事服务工作。

燃料电池解决了资源综合利用和环保两大难题，因此它的开发研究受到各国政府和科学家的重视，燃料电池在发电站、移动电站、微型电源、动力源等方面具有广泛的应用前景。

（三）氢内燃机技术

1. 技术简介

氢内燃机就是以氢气为燃料，将氢气储存的化学能经过燃烧过程转化成机械能的新型内燃机。氢内燃机以氢为燃料，其结构和工作原理与传统的内燃机没有本质的区别。由于它所使用的燃料与传统的汽油机、柴油机不同。因此，需根据氢燃料的特点，对局部零部件重新设计，全新匹配燃料供应与喷射系统、燃料燃烧系统、电子安全控制与管理系统等。

氢内燃机热效率较高，比传统汽油机高20%以上，综合效率与燃料电池效率相当。氢燃料发动机的升功率升扭矩指标也高于现有的汽油机、柴油机，具有良好的车用特性。由于燃烧的是氢气，主要产物是水，唯一的污染物是氮氧化物，没有各类含碳的有害气体排放。生产及使用成本低，在使用性能、成本等方面较容易被广大用户接受。

美国能源部2004年5月启动的一项名为“先进车辆测试行动”项目对氢燃料内燃机进行了全面的评估，指出“氢燃料内燃机既可以燃用纯氢也可以燃用传统的石化燃料，具有很好的燃料适应性，这一特性在近期氢燃料供应设施不完备的情况下是非常诱人的；氢内燃机还具有以下优点：在各种气候条件下都能正常工作，无须加热设施，没有低温启动问题，燃烧效率高（比内燃机高出25%以上）”；该项目的最终结论是：“氢燃料内燃机车辆在通向氢燃料经济的道路上是一种非常重要的中间技术。”

氢内燃机以氢代替石油制品作为交通能源，实现氢能汽车、氢能火车、氢能飞机以及氢能发电，则氢气的生产规模必将大大地扩展，并由此形成立足于氢动力的氢能源模式和氢经济体系。

2. 氢内燃机的发展现状及发展趋势

美国、欧洲和日本的部分汽车公司和大学等研究机构正在进行发展氢燃料汽车的有关项目。福特公司开发的U形概念车既可以用汽油，也可以用氢气作为燃料。福特公司宣称，氢气能够将内燃机效率提高25%～30%，而这一效率已和氢燃料电池大致一样。福特公司推出的U形SUV氢燃料混合动力是一款典型的军民两用型车辆，该车采用一台2.3升四冲程增压氢燃料内燃机，与电传动系统组成混合动力系统，动力系统的热效率达到38%，比传统内燃机高出25%以上，续驶历程达到300英里。该车的另一特点是可以在任何气候下运行、低温启动无须任何加温设备。

德国宝马公司是氢燃料内燃机研发的先行者，自1979年开始研发氢内燃机动力，迄今已经投资超过了10亿欧元，经过28年数代氢动力汽车的发展与改进，终于实现小批量生产这款投入使用的氢动力汽车。宝马汽车公司从柴油机/内燃机的改造开始，到现在已经研发了6代氢燃料内燃机驱动的轿车。

奔驰公司自20世纪70年代起就开始了这一领域的预研工作。1978年开发了第1辆氢燃料样车，采用氢与空气均匀混合后从内燃机进气管吸入气缸的供给方式。近几年奔驰公司又将氢燃料项目列入进一步的研究课题“HY-PASS”，开展氢气缸内喷射的氢燃料样车试验。

日本马自达汽车公司也从20世纪80年代末开始研究氢气汽车。2003年，马自达公司推出装有氢燃料Renesia转子发动机的RX-8跑车。马自达公司称，这种车系列将尽快批量生产。

预计截至2010年，全球所有氢内燃汽车的普及数量将达约4万辆，2020年达到200万辆。

我国在氢能源的制取和供应上已经进行了许多卓有成效的工作，为氢燃料内燃机的研发应用奠定了良好的基础。但综合来看我国在氢内燃机研究方面起步较晚，在规模制氢、增压技术、氢气供应与安全系统、控制策略、排放控制技术、综合电子管理系统等许多关键技术领域还处于起步阶段。从研究的内容看，大都仅限于高等院校的原理探索，关键技术的差距较大，整体技术水平较低。

随着燃油价格持续上涨、《乘用车燃油消耗量限值》标准的出台、国家标准的实施和轻型汽车节能环保认证的实施，汽车行业面临的节能和环保形势更为严峻。为了适应这种形势，汽车厂家抓紧开展以节能降耗、降低排放等为目标的技术改革。在这样的背景下，车辆对新型动力的需求明显增加，氢内燃机技术的成功开发将大大促进这一进程。氢燃料内燃机作为传统汽车的理想替代动力，是国家政策支持的发展重点之一。随着石油价格的持续攀升和氢内燃机技术的不断进步，以氢为燃料的内燃机汽车将具有深厚的发展潜力和广阔的产业化前景。

（四）氢的其他应用技术

1. 氢燃气轮机技术

燃气轮机是一种外燃机，由压气机、加热工质的设备（如燃烧室）、透平、控制系统和辅助设备组成，将气体压缩、加热后送入透平中膨胀做功，把一部分热能转变为机械能。它是以连续流动的气体为工质带动叶轮高速旋转，将燃料的能量转变为有用功的动力机械，是一种旋转叶轮式热力发动机。

出于降低氮氧化物排放量的目的，目前氢主要是以富氢燃气，如富氢天然气或合成气的形式应用于燃气轮机系统进行发电，关于纯氢作为燃料气的报道很少。通用公司研究发现，富氢天然气可以很好地保证火焰稳定性，氢含量为10% ~20% 时可改善排放性能。

2. 氢喷气发动机技术

对现代航天器来说，减轻燃料自重可增加有效载荷。氢的能量密度很高，是普通汽油的 3 倍，意味着以氢为燃料可使自重减轻 2/3。与煤油相比，用液氢作航空燃料，在相同的有效载荷和航程下，液氢燃料要轻得多。

液氢燃料在航天领域也是一种高能推进剂燃料，目前世界上最先进的发动机是氢氧发动机。新一代天地往返运输系统航天飞机将成为 21 世纪的主要运输工具，它将液氢作为燃料，在大气中吸入空气中的氧作为氧化剂，在真空中使用机载液氧，实现单级入轨重复使用。

（五）氢能的安全性及应用前景

1. 氢能的安全性

任何燃料的安全性都与其本身的性质密切相关。由于氢的特殊性质，使得氢的安全有不少特点。

然而，和其他燃料相比，氢气是一种安全性比较高的气体。

（1）氢气无毒，不像有的燃料毒性很大，如甲醇就很危险。

（2）氢气在开放的大气中，很容易快速扩散，而不像汽油蒸汽挥发后滞留在空气中不易疏散。

氢极易扩散，扩散系数比空气大 3. 8 倍，所以微量的氢气泄漏，可以在空气中很快稀释成安全的混合气。这又是氢燃料一大优点，因为燃料泄漏后不能马上消散是最危险的。有文献指出氢的扩散系数比汽油大 7. 5 倍，由此可以证明文献中说氢比汽油安全是有根据的。

氢气的比重小，易向上逃逸，这使得事故时氢气的影响范围要小得多。与其他液化的气体燃料相比，液氢挥发快，有利于安全。有人曾做过试验，将 3 米的液氢、甲烷和丙烷分别溅到地面上并蒸发，在相同的条件下，丙烷、甲烷和氢的影响范围分别为13500米、5000米和1000米。可见液氢的影响范围最小，大约是丙烷的1/13，甲烷的1/5。也就说明液氢的安全性要比丙烷和甲烷好。当然，液氢的温度比液氮低得多，需要防止冻伤。

（3）由于氢焰的辐射率小，只有汽油、空气火焰辐射率的1/10，因此，氢气火焰周围的温度并不高。

（4）氢气燃烧不冒烟，生成水，不会污染环境。

氢也有对安全不利的特点。

（1）易燃性。

氢着火点能量很小，使氢不论在空气中或者氧气中，都很容易点燃。根据文献的报道，在空气中氢的最小着火能量仅为0.019毫焦，在氧气中的最小着火能量更小，仅为0.007毫焦。如果用静电计测量化纤上衣摩擦而产生的放电能量，该能量可以比氢和空气混合物的最小着火能量还大好几倍，这足以说明氢的易燃性。

（2）燃烧/爆炸浓度极限的范围很宽。

氢的另一个危险性是它和空气混合后的燃烧浓度极限的范围很宽，按体积比计算其范围为4%～75%，因此不能因为氢的扩散能力很大而对氢的爆炸危险放松警惕。

氢气爆炸范围宽，起爆能量低，但并不意味着氢气比其他气体更危险。由于空气中可燃性气体的积累必定从低浓度开始，因此，就安全性来讲，爆炸下限浓度比爆炸上限浓度更重要。丙烷的爆炸下限浓度就比氢气低，因此，丙烷比氢气更危险。

（3）氢火焰是无色的，白天肉眼几乎看不到，夜里可以看见，所以，在白天要小心氢火焰灼伤人体。

（4）氢是最轻的元素，它的黏度小，比其他燃料更容易从小孔中泄漏，具有更大的泄漏速率。

（5）氢脆问题。

锰钢、镍钢及其他高强度钢容易发生氢脆，尤其是在高温高压下，其强度会大大降低，导致失效。压力容器的氢脆（或称氢损伤）是指它的器壁受到氢的侵蚀，造成材料塑性和强度降低，并因此而导致的开裂或延迟性的脆性破坏。高温高压的氢对钢的损伤主要是因为氢以原子状态渗入金属内，并在金属内部再结合成分子，产生很高的压力，严重时会导致表面鼓包或皱折；氢与钢中的碳结合，使钢脱碳，或使钢中的硫化物与氧化物还原。

2. 氢能的应用前景

目前，无论是在氢的制备、储存以及氢燃料方面，都未能大规模的实施。氢能系统各个环节技术发展尚不够成熟，氢能及燃料电池技术商业化成本仍然过高，公众对氢能的接受和认识程度仍然不高。

氢能源应用发展的大背景仍将是能源多元化。20 世纪 70 年代的石油危机，使人们认识到过分依靠单一能源的风险很大，能源多元化成为能源发展的方向。氢能、风能、太阳能、地热能、海洋能等新能源引起了人们的极大关注，顺应了可持续发展、环境保护、降低能源供应成本、能源多样化发展等新的理念与要求。在未来世界能源市场，氢燃料应用将会扮演更加重要的角色。

参考文献

第一章

[1] 未江涛. 优化能源消费结构打造绿色环保广东. 南方论刊，2006（12）：17—19

[2] 田中华，陈围理. 广东能源发展现状分析及对策探讨［J］. 广东科技，2010（8）：15

[3] 翟秀静，刘奎仁，韩庆. 新能源技术. 第二版. 北京：化学工业出版社，2010

[4] 谭辉平. 广东可再生能源利用及发展研究［J］. 可再生能源，2003（6）：55—57

[5] 李建文编. 中国石油进口依存度首破国际警戒线. 中国广播网，2010－01－20. http：//www.cnr.cn/fortune/news/201001/t20100120_505919619.html

[6] 涂露芳. 中国天然气对外依存度持续上升. 北京日报，2010－06－10. http：//energy.people.com.cn/GB/11839136.html

[7] 李秀娟. 我国新能源技术产业发展现状与对策探讨. 黑龙江科技信息，2008（30）：59

[8] 国家发改委. 产业结构调整指导目录（2011 年本），2011，9—10

[9] 丽佳，林巧美. 粤东地区太阳能资源及其利用气候分析［J］. 气象科技. 2008，36（4）：491—494

[10] 毛慧琴，宋丽莉，黄浩辉，植石群，刘爱君. 广东省风能资源区划研究［J］. 自然资源学报，2005，20（5）：679—683

[11] 杨木壮，魏伟新. 从能源短缺的角度看广东海洋新能源开发前景. 广东科研，2008（7）：86—87

第二章

[12] 杜尧东，毛慧琴，刘爱君，潘蔚娟. 广东省太阳总辐射的气候学计算及其分布特征［J］. 资源科学，2003，25（6）：66—70

[13] 丁晨曜. 浅谈太阳能制冷空调. 能源与环境，2009（6）：64—65，90

[14] 王京，杨卫国. 太阳能热泵技术. 邯郸职业技术学院学报，2007（3）：44—46

[15] 陈晓夫，肖潇，王正元，刘广青. 2009 年中国农村能源行业发展综述. 农业工程技术：新能源产业，2010（10）：3—8

[16] 广东省建设厅科教处. 广东省太阳能开发利用情况调查报告. 广东建材，2008（1）：21—23

[17] 维普资讯. 太阳能发展的昨天今天和明天. 广东建设信息：建材专刊，2005（8）：2

[18] 北京世经未来投资咨询有限公司. 2010 年新能源行业风险分析报告. 来源：国家发展改革委员会中国经济导报社

[19] 国内太阳能电池制造业遭遇阴雨天. 新华社，2010 - 06 - 30. http：//www.clciu.org.cn/bencandy.php? fid = 10&id = 982

[20] 肖蓓. 广东光伏产业及企业现状的调研报告. 2010 - 08 - 12. http：//www.pvall.com/news/content - 34088.aspx

[21] 孙德胜，陈 雁. 太阳能热发电技术最新进展与前景研究. 2010（8）：856—858

第三章

[22] 全球风能理事会. 2010 全球风电装机新增 22.5% 中国成“黑马”. 中国能源报，2011 - 02 - 16. http：//www.newenergy.org.cn/html/0112/2161138723.html

[23] 李俊峰，施鹏飞，高虎. 中国风电发展报告 2010. 海口：海南出版社，2010

[24] 赵福平. 我国可再生能源法与风能的发展利用. 长三角，2010，4（5）：47—50

[25] 李怡青，许国，吴俊峰. 广东南澳已成为亚洲海岛风电建设先锋. http：//www.chinanews.com/cj/cyzh/news/2007/12 - 10/1100710.shtml

[26] 钟啸. 海上风电集中度提升 考验广东产业布局. 南方日报，2011 - 04 - 29. http：//nf.nfdaily.cn/nfrb/content/2011 - 04/29/content_ 23400794.htm

[27] 张希良. 风能开发利用. 北京：化学工业出版社，2005

[28] 丁湘跃. 探究分析风能发电的现状和未来发展趋势. 价值工程，2014（18）：56—57

[29] 张伯泉，杨宜民. 风力和太阳能光伏发电现状及发展趋势. 中国电力，2006，39（6）：65—69

[30] 张国伟，龚光彩，吴治. 风能利用的现状及展望. 节能技术，2007，25（1）：71—76

第四章

[31] 刘刚，沈镭. 中国生物质能源的定量评价及其地理分布. 自然资源学报，2007，22（1）：10 - 19

[32] 王星光，柴国生. 中国古代生物质能源的类型和利用略论. 自然科学史研究，2010，29（4）：421—436

[33] 盛奎川，蒋成球，钟建立. 生物质压缩成型燃料技术研究综述. 能源工程，1996（3）：8—11

[34] 张杰，李岩，许海朋，张晓东，孙立. 纤维素乙醇发展现状. 山东科学，2008，21（5）：39—42

[35] 何杰，张文楠. 热化学法生物质乙醇转化技术. 节能环保技术，2008（1）：34—35

[36] 栾敬德，刘荣厚，武丽娟，等. 生物质快速热裂解制取生物油的研究. 农机化研究，

2006（12）：206—210

［37］董玉平，郭飞强，董磊，等．生物质热解气化技术．中国工程科学，2011（2）：44—49

［38］马洪儒，张运真．生物质秸秆发电技术研究进展与分析．水利电力机械，2006，28（12）：9—13

［39］深圳市能源环保有限公司．垃圾焚烧发电．城市垃圾减量化、资源化、无害化处理与综合利用暨垃圾处理新设备、新技术交流研讨会论文集，昆明，2008-04-1.

［40］付诗琴．垃圾发电技术的发展和应用．华北电力大学第五届研究生学术交流年会，2007

［41］吴创之．气化发电的工作原理及工艺流程．可再生能源，2003（1）：42-43

［42］国家发改委．可再生能源中长期发展规划．发改能源〔2007〕2174 号文件《国家发展改革委关于印发可再生能源中长期发展规划的通知》，2007-08-31．http：//www.ndrc.gov.cn/zcfb/zcfbtz/2007tongzhi/t20070904_157352.htm.

［43］李定凯，吕予安，毛健雄．我国生物质燃料发电及其他应用的现状与发展趋势．中国科学技术协会年会论文集，2007

第五章

［44］王志刚．前景广阔的替代能源——地热能．科学大视野——全球科学经济瞭望，2000（9）：60

［45］谈建平．浅谈地源热泵技术在建筑工程中的运用．山西建筑，2008，34（21）：153—154

［46］徐伟，张时聪．中国地源热泵技术发展趋势．北京：第三届国际智能、绿色建筑与建筑节能大会，2007

［47］吕太，高学伟．地热发电技术及存在的技术难题．沈阳工程学院报（自然科学版），2009，5（1）：5—8

［48］Keyan Zheng，Zaisheng Han，Zhenguo Zhang. Steady Industrialized Development of Geothermal Energy in China Country Update Report 2005-2009，2010

［49］马立新，田舍．我国地热能开发利用现状与发展．中国国土资源经济，2006，19（9）：19—21

［50］李瑾．关于地热能开发利用的现状及前景分析．才智，2012（13）：37

［51］王小毅，李汉明．地热能的利用与发展前景．能源研究与利用，2013（3）：44—48

［52］李志茂，朱彤．世界地热发电现状．太阳能，2007（8）：10—14

第六章

［53］李传统．新能源与可再生能源技术．南京：东南大学出版社，2005

［54］中华人民共和国国家发展计划委员会基础产业发展司．中国新能源与可再生能源 1999 白皮书．北京：中国计划出版社，2000

[55] 邓隐北，熊雯．海洋能的开发与利用．可再生能源，2004（3）：70—72
[56] 施伟勇，王传崑，沈家法．中国的海洋能资源及其开发前景展望．太阳能学报，2011，32（6）：913—923
[57] 游亚戈，李伟，刘伟民，李晓英，吴峰．海洋能发电技术的发展现状与前景．电力系统自动化，2010，34（4）：1—12
[58] 王传崑，施伟勇．中国海洋能资源的储量及其评价．厦门：第十四届全国海事技术研讨会论文集，2009
[59] 蔡盛舟，张伟，赵朝华，罗高．海洋能分布式发电技术及其意义．电网与清洁能源，2010（10）：59—61
[60] 赵世明，刘富铀，张俊海，张智慧，白杨，张榕．我国海洋能开发利用发展战略研究的基本思路．海洋技术，2008，27（3）：80—83
[61] 郑章靖，徐青，李军，凌长明．海洋能海水淡化研究进展．水处理技术，2011，37（9）：24—27

第七章

[62] 钱伯章，朱建芳．天然气水合物：巨大的潜在能源．天然气与石油，2008，26（4）：47—52
[63] 祝有海，夏建宏．未来可拿可燃冰“解气”．自然与科技，2011（183）：20—23
[64] 钱伯章．新能源——后石油时代的必然选择．北京：化学工业出版社，2007
[65] 史斗，郑军卫．世界天然气水合物研究开发现状和前景．地球科学进展，1999，14（4）：1—13
[66] 耿卫红．可燃冰商业开发时间表．国土资源情报，2012（7）：23—25
[67] 慧聪网．日本率先开发可燃冰，能源格局又添变数．工程塑料应用，2013（4）：31
[68] 王革华，艾德生．新能源概论．北京：化学工业出版社，2006
[69] 王智明，曲海乐，菅志军．中国可燃冰开发现状及应用前景．节能，2010（334）：4—6
[70] 祝叶华．可燃冰——替代化石燃料的清洁能源？科技导报，2014，32（6）：9
[71] 刘勇健，李彰明，张丽娟，郭依群．未来新能源可燃冰的成因与环境岩土问题分析．广东工业大学学报，2010，27（3）：83—87
[72] 吴敏．“可燃冰”开发现状．矿冶工程，2012，32（Z1）：456 - 459

第八章

[73] 顾忠茂．氢能利用与核能制氢研究开发综述．原子能科学技术，2006，40（1）：30—35
[74] 温廷琏．氢能．能源技术，2001，22（1）：96—98
[75] 欧训明．氢能制取和储存技术研究发展综述．能源研究与信息，2009，25（1）：1—4
[76] BOSSEL U，ELIASSON B，TAYLOR G. The future of the hydrogen economy：Bright or bleak. Lucerne：University of Lucerne Press，2003，10—11
[77] NELMARK A V. Calibration of absorption theories proceedings. The 12th international con-

ference on fundamentals of absorption. Kyoto：University of Kyoto Press，2004，159—160.

[78] LEUNG N P，SUMATHY M K. Hydrogen - the fuel of the future modern vehicle power. Amsterdam：University of Amsterdam Press，2004，4—8

[79] DANTZER P. Properties of inter - metallic compounds suitable for hydrogen storage applications. Sci. Eng，2002，A329/330/331（3）：313—320

[80] 衣宝廉. 燃料电池——高效环境友好的发电方式. 北京：化学工业出版社，2000

[81] 姚如杰，张晓清. 燃料电池技术进展. 能源技术，2001（6）：7—13

[82] 福水，郝利君，Heitz Peter Berg. 氢燃料内燃机技术现状与发展展望. 汽车工程，2006（7）：621

[83] 翟秀静，刘奎仁，韩庆. 新能源技术. 第二版. 北京：化学工业出版社，2010